강의노트

인간과 환경

이현주 이한섭 최성부 김영규 공저

지우북스

Preface

21세기 오늘날 세계 인구는 약 76억 명에 달하고 있다. 인구증가(Population)와 각종 자원 부족 및 식량 부족으로 인한 빈곤(Poverty)을 겪으면서 환경오염(Pollution)으로 인한 걱정과 악영향까지 접하고 있다. 그러나 이를 산업혁명(Industrial Revolution)과 녹색혁명(Green Revolution)을 통하여 대량생산체제로 극복하였으나 지구는 점점 오염되어가고 있으며, 때문에 전 세계가 개발 붐에서 환경보존과 개발을 함께할 수 있는 지속가능한 개발에 중점을 두기 시작하였다. 특히 한국은 좁은 국토면적에 서울과 경기도에 전체인구의 약 50% 정도가 집중해 살고 있기 때문에 사용되는 상수소비량에 따른 하수발생량이 급증하고 자동차 등에 의한 대기오염의 이동발생량(Mobile Source)과 폐기물 발생량이 급증하고 있다. 따라서 대기오염, 수질오염, 폐기물 등의 처리문제와 폐자원의 Recycling을 반드시 실행하여 생활오수는 중수도법을 적용한 Recycled water를 아파트 정원용수 등으로, 폐기물은 폐자원 재활용(Recycling) 등의 친환경 생활을 전 국민이 생활화하지 않으면 머지않아 우리는 물 부족과 자원 부족을 겪게 될 것이다.

본 교재 『인간과 환경』은 환경전공자가 아닌 일반인들과 각 대학에 재학 중인 예체능 전공자들과 일반학과 전공자들이 교양과목으로 쉽게 배우고 일상생활 속에서 실천이 가능한 Eco-Life를 유도하고 삶의 질이 높아짐을 직접 체험하게 할 수 있는 과목이 되게 하기 위하여 용인대학교 환경학과 교수님들의 강의노트를 모아 집약한 교양서적이다. 일반인들과 비전공자들이 지루하지 않게 중점적인 내용만으로 쉽게 접근 가능하게 하고, 실생활에서 적용할 수 있는 물을 아끼고 낭비하지 않는 법과 폐기물은 더 이상 버려지는 것이 아닌 순환자원이라는 개념을 인식시키고자 하였다. 또한 현재 겪고 있는 미세먼지를 줄이고 대체하는 방안을 우리 모두가 실천하지 않으면 안 된다는 환경의식을 갖게 하고자 집필된 강의노트식 교양서적이다. 이 책으로 공부하는 모든 대학생들에게 "어려운 시기에도 불구하고 열심히 공부하는 사람과 미래의 꿈을 갖고 불굴의 의지(Grit)을 가지고 일을 하는 사람은 반드시 성공한다"라는 응원의 메시지를 전하면서 마름하고자 한다.

젊은 대학생들이여! 꿈을 갖고 노력하여 반드시 좋은 삶을 쟁취하라!!

환경학과 교수 일동

대표저자 이 현 주

Contents

Start Course 수시평가(10점) 인간과 환경을 접하며

학과	학번	성명	환경학과 교양과목 인간과 환경

1. 인간과 환경을 수강하는 계기는 ?

   ① 선배들의 조언(학점이수가 쉬워서)

   ② 환경을 생각하고 살아야 할 것 같아서

   ③ 수강할 적당한 과목이 없어서

   ④ 배워두면 건강한 생활에 도움이 될것 같아서

2. 본인 전공(체육 또는 예능 & 기타)에 어떤 것이 가장 도움이 될 것 같은지 번호 순서대로 나열하시오.

   ① 호흡 : 대기와 미세먼지

   ② 생활환경 : 폐기물, 전자파

   ③ 식생활 : 환경호르몬

   ④ 수질 : 먹는 물, 수영장 및 레저 환경

학기 첫날 본장을 기입 후 제출하세요.

chapter 01 환경의 개념 및 특성

1.1 환경의 정의 및 분류

1) 환경의 정의

(1) 환경(Environment)이란?

"인간을 중심으로 생물과 주변을 둘러싸고 있는 환경"으로 정의한다. 환경의 광역적 범위는 지구상의 물, 대기, 식물, 토양, 암석 등으로 구성된 곳에 살고 있는 인간을 포함한 모든 환경과 이를 둘러싼 모든생물, 무생물 생태계를 포함한 환경을 자연환경이라 한다.

(2) 환경의 분류

유엔환경계획(UNEP)[1]에서 분류

① 자연환경(Natural Environment)과 인간의 주거특성과 일상생활과 관련된 수질, 대기, 폐기물, 소음 및 진동, 악취, 일조 등이 포함된다.

② 생활환경(Living Environment)으로 「환경정책기본법」[2]에서는 분류하고 있으며, 한 가지 더 추가 하자면, 각 나라별 사람들이 형성한 국가, 조직, 제도, 생활습관 등을 형성한다.

---

1) UNEP(United Nations Environment Programme) : 유엔환경계획기구는 1972년 설립되어 본부는 케냐 나이로비에 있으며 전 지구적 환경문제에 대한 해결책을 제시 및 선도하고 있다.

2) 환경정책기본법 : 1980년대부터 환경법률을 개정해오며 현재까지 50여개 환경법을 갖고 있다.

③ 사회적환경으로 나눌 수 있다. [표 1-1]과 같이 환경을 자연환경, 생활환경, 사회적환경으로 분류하고 있으며, 이 분류가 환경공학, 환경학, 환경과학 등의 학문과 실생활의 대상이 된다.

[표 1-1] 환경기본법의 환경분류

환경 (Environment)	자연환경(Natural Environment)	생물환경 : 동, 식물과 연계된 생태 환경
		무생물 환경 : 빛, 온도, 공기, 물, 토양 등
	인위적 환경(Living Environment)	수질, 대기, 폐기물, 토양 및 지하수 오염

2) **환경과학**(Environmental Science)**이란**?

자연환경(Natural Environment)에서 인간과 지구 사이의 상호작용 관계를 규명하는 분야이다. 또한 생활환경(Living Environment)은 대기, 물, 폐기물, 토양, 소음과 진동, 악취 등 일반적인 사회・경제적 환경을 포함하는 광의적 개념으로 해석한다. 또 다른 인간의 시각에서 보는 환경개념의 방식은 인간의 활동범위와 영향을 미치는 생태계(Ecosystem) 개념으로 표현하기도 한다. 따라서 이러한 환경학・공학 분야는 인간활동에 의해 일어나는 환경오염(Environmental Pollution)과 그 처리방법을 중점적으로 연구하는 학문분야이다.

3) **환경오염**

인간 활동에 사용한 물질과 에너지가 소모된 후 발생한 각종 오염물질이 환경의 질적, 양적 변화를 일으켜서 그 결과가 자연환경, 인간 및 생물에게 직, 간접적으로 유해한 영향을 끼치는 현상을 말한다. 이때 환경과 인간에게 유해한 영향을 끼치는 물질을 환경오염물질(Environmental Pollutants)이라고 한다.

1.2 지구환경의 구성

1) 지구환경의 구성

지구환경은 4가지 권역으로 구성된다. 4개의 권역 중 아래 권역에서 에너지와 질량의 흐름에 의한 평형상태를 유지하면서 상호작용을 일으킨다. 21세기의 폭발적인 인구 급증에 따른 과도한 자원사용은 환경오염물질 과부하로 인한 지구환경문제를 야기시킨다. 4권역으로 구성된 지구시스템에서 에너지흐름의 물질수지 균형이 파괴되면서 지구환경 문제들이 발생하고 있다.

① 대류권(Atmosphere) : 지구를 둘러싼 기체상을 공기라 칭한다. 대류권은 지상에서 약 18km 상공까지의 대기층이며, 대기가 순환하면서 산소와 탄소외 미량의 원소들을 공급하고 있다.

② 수권(Hydrosphere) : 지구상에 물이 존재하는 부분인 수권은 지구표면의 약 71%를 구성하는 바닷물과 지구상에 존재한 모든 담수를 포함한 물 부분이다.

③ 생물권(Biosphere) : 지구상에 존재하는 동·식물, 미생물 등의 생물들이 생존하고 있는 지구표층까지의 생태계를 말하며, 대류권과 수권, 암석권의 영향을 받는 밀접한 관계이다.

④ 지질권(Geosphere) : 암석, 토양, 퇴적물, 화산재도 포함되며, 지구환경의 가장 큰 부분을 차지한다. 대류권, 수권, 생태계와 지속적인 상호작용으로 변화되고 있다. 지구시스템의 상호작용에 의한 변화는 [그림 1-1]과 같다.

〈그림 1-1〉 지구시스템 4권역

1.3 지구환경문제의 특성

세계적으로 급속한 과학기술의 발달과 함께 인구의 급증, 도시화 · 공업화 등으로 인간의 생활터전인 지구환경의 균형이 파괴되고 있다. 2000년대 이후 환경보전을 외면한 경제개발 정책은 장래에 인류의 생존기반 자체를 위협하고 있으며, 인간이 예측 가능한 환경오염 범위를 넘어서는 위기에 이르고 있다.

환경문제는 다양한 요인 간에 상호 연결된 관계로 있으며, 그 구조적 특징들은 다음과 같다.

(1) 광역성

- 광범위한 영향권 형성 - 온실가스, 오존층 파괴, 황사 등
- 범 지구적 문제 야기(국가 간 환경문제 공유)

(2) 상호관련성

대기오염 → 수질오염 → 토양오염 → 지하수오염

(3) 시차성

원인과 결과 간 시차성 → 오염 후 일정기간 후 악영향 발생

(예 : 미국의 러브 커넬 사건, 일본의 미나마타병, 이따이 이따이병 등)

(4) 탄력성 및 비가역성

탄력성 = 자정작용[3]의 원상태 회복력

비가역성 = 자정능력을 초과한 오염상태로의 악화(예 : 부영양화)

(5) 엔트로피 증가

사용 가능한 에너지가 사용 불가능한 에너지로 변환되는 현상

* 간접적 피해 : 물, 공기, 토양 등의 매개체를 통한 간접적인 오염의 영향
* 지속적 피해 : 장기간을 통한 환경오염의 피해 → 장기대책 필요

3) Self-Purification : 자정작용 이라하며, 자연은 일정면적당 일정량의 오염을 스스로 시간에 따라 정화하는 능력을 말함.

chapter 02 현대의 환경문제

2.1 지구환경의 위기

인류 위기의 원인은 18세기 산업혁명 이후 인구증가(Population)에 의한 빈곤(Poverty)과 자원소모로 인한 환경오염(Pollution)으로 인한 3P 현상에 의한 것이다.

지구환경문제들은 다음 같은 발생 원인들이 3P로 제시되고 있다.

1) 지구환경의 위기

(1) 인류위기의 원인

18세기 산업혁명 이후 지구의 위기 3P로 요약할 수 있다.

〈Population, Poverty, Pollution〉

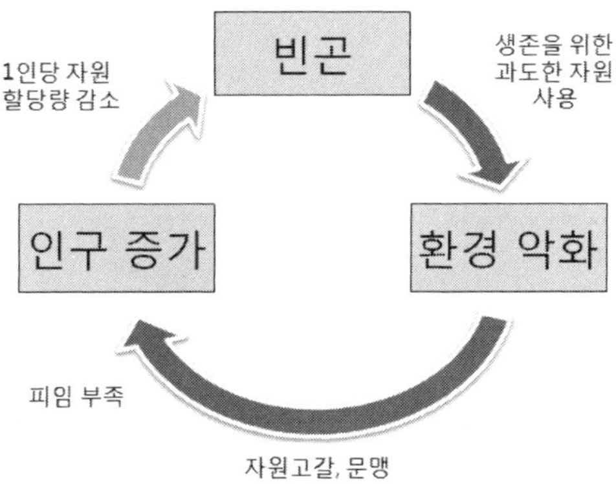

〈그림 2-1〉 지구의 위기 3P

(2) 위기탈피를 위한 국제적 기구 조성

- 1973년 스톡홀름UN국제환경기구 UNEP(United Nations Environmental Planing) 창설
- 1983년 환경과 개발에 대한 세계위원회 WCED
- 1990년 환경적으로 건전한 지속가능한 개발(ESSD : Environmentally Sound & Sustainable Development)[1] 로 구체화
- 2002년 지속가능한 세계정상회의(WSSD)

2.2 지구환경오염의 발생 원인

지구환경오염 발생 원인들은 인구증가, 도시집중화, 산업화, 농업과 토양오염 등이며 자세한 내용은 다음과 같다.

1) 인구증가

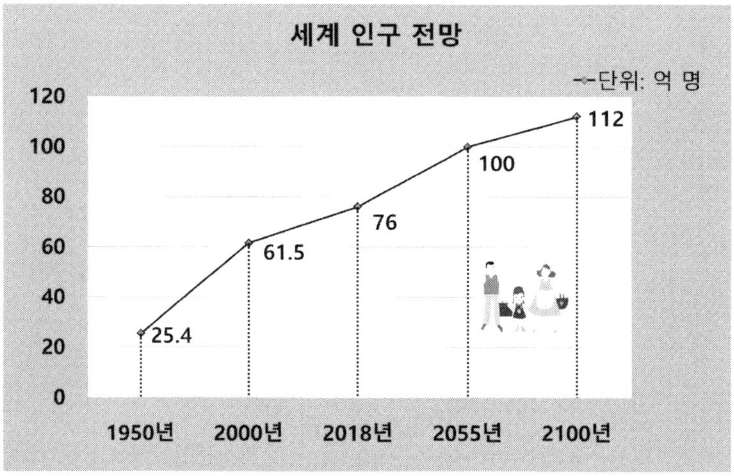

〈그림 2-2〉 세계 인구전망(UNDESA) 유엔 경제사회국 세계인구 전망보고서(2018)

1) ESSD : 1992년 6월 5일 세계 환경의 날에 발표한 「환경보전을 위한 국가선언문에서 언급」

2018년 현재 세계의 인구는 약 76억 명을 돌파하고 있다. 세계 인구 추이는 〈그림 2-2〉와 같다. 인구 급증에 따른 식량수요 증가와 팽창한 산업화, 주거형태변화 및 도시집중화로 인한 환경오염 물질의 배출량이 급증하고 있는 실정이다.

2) 도시집중화

각 나라별 도시화 추세는 S자형의 성장 곡선을 나타내며, 3단계로 구분된다.

첫째, 도시집중화 증가속도는 초기단계에 완만하게 상승하다가 둘째, 급속히 상승 가속화 하는 두 번째 단계로 진행된다. 도시가 포화상태가 되면, 증가속도가 정체되거나 소폭 저하되다가 종착단계인 세 번째에 이른다. 따라서 오염물질 발생량이 환경용량[2)]을 크게 초과하여 최대로 배출하기 때문에 오염물질 처리를 위한 환경 인프라 구축이 도시의 미래를 위해 매우 중요한 요소로 작용한다.

3) 산업화

18세기 후반의 산업혁명 시점으로부터 인류의 발전과 산업화를 위한 개발로 자연생태계의 면적 감소와 훼손이 커지면서 지구환경의 오염이 본격화되기 시작하였다. 급속한 산업화는 산업폐수를 과도하게 배출하였다. 따라서 배출된 오염물질을 처리해야 하는 필수적인 시설은 다음과 같다.

- 산업폐수처리 시설(화학적 성상이 유사한 산업폐수만 집수하여 처리)
- 도시하수종말처리장(가정오수 → 도시하수)
- 폐기물 재활용 및 처리시설(예 : 한국자원재생공사 → Recycling), 폐기물처리시설 → 소각장, 퇴비화처리장, 매립장 등)

2) 환경용량이란? 생태학자 Odum(1971)의 정의에 의하면 환경오염이 일어나지 않은 상태에서 어떤 환경이 부양할 수 있는 어떤 생물종의 최대 개체수라고 하였다.

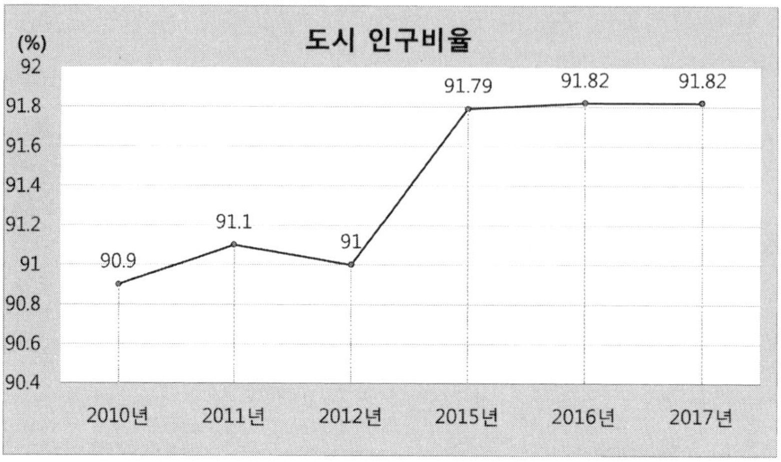

〈그림 2-3〉 한국의 서울 및 경기권의 도시집중화 비율

〈그림 2-4〉 산업공단에서 발생하는 대기오염물질

4) 농업과 토양문제

과학기술이 발달된 농업은 생산성 향상을 위한 화학비료와 농약사용을 과하게 사용하게 되면서 획기적으로 식량증산을 최대화하였다. 반면에 환경생태 훼손과 토양오염이 가중되었다. 농업으로 인한 토양 환경오염은 다음과 같은 이유로 문제가 되고있다.

- 화학비료 : 토양의 유기물 함량 감소 및 산성화 유발 → 지하수, 토양오염
- 농약 : 토양에 분해되지 않은 농약 누적 농축으로 인한 생태계 오염
  → 천적 감소, 해충 저항성 증가, 인체피해(Food chain)
- 가축 분뇨 : 대기, 수질, 토양오염 유발

• 농업 폐기물 : 영농 폐기물, 폐비닐, 농약 빈병 및 용기 배출
• 토양 침식 : 토양의 자양분 유실 → 토양의 산성화, 사질토 변화

2.3 환경과 공해

• 환경오염은 많은 경우 직접적 피해보다는 간접적인 피해를 주는 특성을 가진다. 즉, 오염물질이 수용체에 직접적으로 영향을 미치는 것이 아니라 대기, 물, 토양 등과 같은 매개체를 통하여 간접적으로 피해를 일으킨다.
• 환경오염의 피해는 특수한 경우를 제외하고는 지속적으로 서서히 진행되는 것이 특징이다. 특정 시기와 지역에서 발생하는 우발적 사고로 인한 일시적인 피해와는 구별된다.

※ 공해(Public Nuisance)의 종류는
- 물질공해(수질, 대기, 폐기물 오염)
- 감각공해(소음, 진동, 악취)
- 기타공해(토양 및 기타 환경공해)

① 물질공해 : 대기, 수질오염의 경우는 대기, 하천, 호수, 해양 등에 오염물질이 유입되어 오염된 대기나, 수역의 물을 사람이 사용할 수 없거나, 생활환경에 피해를 주는 현상을 말한다.

② 감각공해 : 소음이나 진동, 악취 등에 의한 자극에 의한 공해를 말하며, 사람에 따라 느끼는 정도의 개인차가 크며 심리적, 주관적, 생리상태, 느낌에 의해 달라진다. 소음, 진동 공해는 현대사회에서 민원 건수 비율이 가장 높지만, 2차 오염을 유발시키지는 않는다.

③ 기타공해 : 산업활동이 증가할수록 배출하는 대기오염물질 즉, 분진, SOx, NOx, 카드늄, 규소 등과 같은 유해물질이 분해되지 않고 입자형태로 부유하다가 눈, 비와 함께 지상으로 낙하하면서 토양오염을 유발시킨다. 그 외 악취, 폐기물, 방사선 등 다양한 소비 상품 중 합성세제, 건전지, 약품, 식품 등의 생산 및 사용에 따라 발생하기도 한다.

chapter 03 생태계

3.1 생태계(Ecology)의 개념

1) 생태계의 정의

Eco≠oikos 아랍어 집, 관리 뜻에서 유래하였으며, Ecology는 생물학적인 견지에서 생물과 무생물 환경과의 관계를 연구하는 학문이다. 즉, 생태계란 대기, 물, 토양 등의 무기환경과 생물환경, 동물·식물, 미생물 등의 생명체로 구성된 자연환경을 말한다.

2) 생태계의 구성

생태계의 구성의 기본 단위는 생물적, 무생물적 환경으로 구성된다. 즉 생산자(Producer), 소비자(Consumer), 분해자(Decomposer)의 세 부류의 생물군으로 다음과 같이 나뉘어진다.

*Food Chain(먹이 사슬 또는 망)

태양	Producer(생산자 : 녹색식물, 1단계) ; 광합성생물, 세균 Herbivore
	Consumer(소비자 : 초식성동물 1차소비자, 2단계) 육식성동물 2차소비자 Carnivore
	Decomposer(분해자 : fung 미생물 등) Bacteria, fungi 유기물 → 무기물로 전환 Detritus

ex) (A → B → C) : 각 영양 단계를 거치면서 손실되는 Energy는 약 90% 정도이다.
즉, Food chain을 통한 환경 질환 = 생체농축(Bioaccumulation)단계 = 만성중독으로 이어진다.
ex) ⓐ 미나마타병병 → 수은(Hg)중독 증상 : 시각, 청각, 지각 장애, 기형아 출산
ⓑ 이따이 이따이병 → 카드뮴(Cd)중독 증상 : 골다공증, 골연화증, 치유불능(40대 이상 여인들, 다산인)

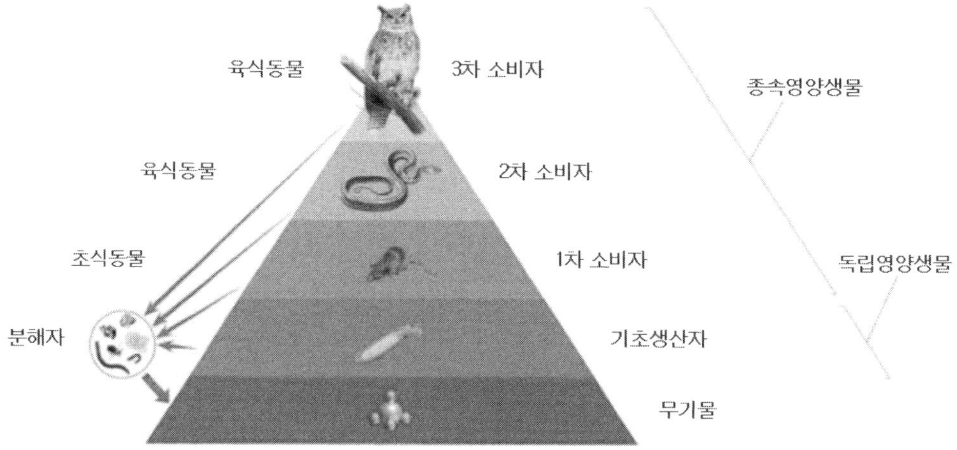

〈그림 3-1〉 먹이연쇄를 통한 피라미드

3) 생태계의 분류

위의 생물적 구성요소와 지구상에 존재하는 다양한 생태계 간의 분류는 산림, 초원, 툰드라, 사막 등과 담수 및 해양생태계 등의 특징에 따라 분류된다. 각 생태계는 생물체들이 이동하면서 영향을 미치거나 상호물질 교환의 기능을 유지한다. 따라서 생태환경을 평가할 경우 각각의 생태계에 존재하는 생물종간의 생태적 지위(Niche)[1]와 성질과의 상호관계를 정확하게 파악하고 인식하는 것이 중요하다.

1) 생태적 지위((Ecological Niche) : 동일한 자연환경 조건에서 각 생물종들 간의 서식처 위치가 다르므로 종간 생존경쟁이 없는 것임(참나무위의 곤충서식처와 새의 서식처가 다르므로 먹이 경쟁이 일어나지 않는다)

3.2 생태계(Ecology)의 기능

1) Energy 흐름과 물의 순환

태양 E : 자연계의 에너지원 One way(에너지는 일방적흐름)

Sun → Producer → Consumer → Decomposer

$6CO_2$ + $6H_2O$ ──────→ $C_6H_{12}O_6$ + $6O_2$↑

(잎) (뿌리) (Sun light 673kcal) (Glucose : 유기물질)

(1) 에너지 순환(Energy cycle)

태양 → Energy(열에너지방출) → 식물의 광합성

(2) 물의 순환(Hydrologic cycle)

물 → 증발 → 눈, 비로 지상으로 떨어져 재사용

(한번 사용한 물을 다시 사용함 → 물의 순환은 자연계에서 중요함)

(3) 탄소의 순환(Carbon cycle)

대기 중의 CO_2 ──↓──→ 식물의 세포로 합성(Organic Carbon)

(광합성 photosynthesis)

> * Organic Carbon : 동물에 의해 섭취되며, 동물이나 그 배설물은 다시 다른 생물체에 의해서 흡수된 후 배설

2) 생태계의 물질 순환

① 탄소(Carbon)의 순환

탄소는 모든 유기화합물의 기본 구성요소이며, 생물체를 구성하는 원소 중 가장

많이 차지하는 원소이다. 인간을 예로 들면, 인체 중 수분을 제외한 구성성분 중 탄소가 약 49% 정도이며, 탄소성분은 모든 식물의 광합성 작용에 의해서 생성되는 유기물질로 공급된다. 또한 탄소는 호흡하는 생명체의 구성성분인 동시에 에너지를 저장하고 배분하는 물질이다.

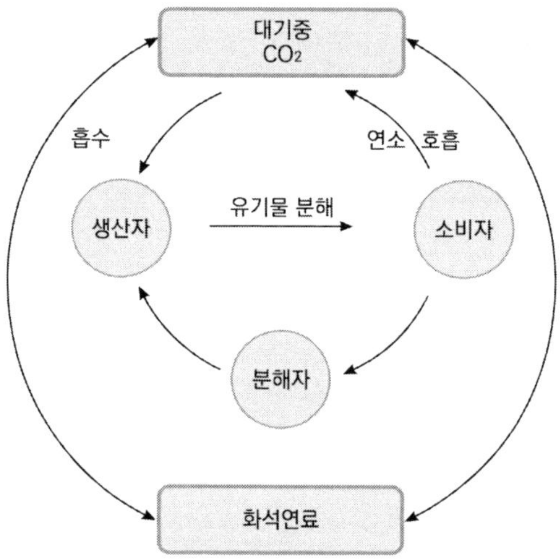

〈그림 3-2〉 탄소의 순환 시스템

② 질소((Nitrogen)의 순환

질소는 공기성분 중 79%를 차지하며, 모든 생물체의 영양성분인 단백질 구성 성분이다. 공기 중의 질소의 비중은 가장 크긴 하나, 대부분의 생물체들은 기체상태의 질소를 그대로 이용할 수 없기때문에 직접적인 영향을 주지는 못한다. 대부분의 식물들은 외부에서 고정된 복합물 형태에서 질소를 공급받아야 한다. 가장 많이 이용하는 것이 질산이온이다. 즉, 암모니아와 요소 같은 질소화합물 등은 농업에서 이용하는 비료와 일부 생태계에서 공급받는다.

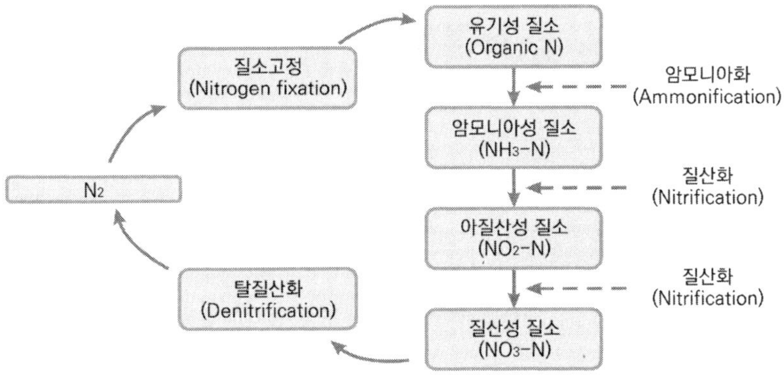

〈그림 3-3〉 질소의 순환 시스템

③ 인(P)의 순환

인은 세포의 에너지 순환에 광합성과 세포호흡으로 발생하는 중간 생산물들을 인과 결합시키는 역할을 하는 성분으로 핵산(DNA, RNA)의 기본원소이며 생물들의 필수성분인 생체내 에너지 저장물질인 ATP[2]의 주성분이다.

④ 황(S)의 순환

황은 호기성 상태에서 산소와 반응하여 황산기를 생성하며, 혐기성상태가 되면, 황화수소(H_2S)와 디메틸황화물(Demethyle Sulfide)을 생성한다. 황화수소와 황화물은 대기에서 산화하여 빗물에 황산과 황산염 형태로 용해되어 산성비의 원인이 되며, 화석연료의 연소로 대량 방출되는 이산화황(SO_2) 성분 또한 산성비의 원인으로 작용한다.

2) ATP(Adenosine Tri-Phosthate)생물체의 저장물질의 주성분이다.

3.3 생태계(Ecology)의 특질

1) **항상성**(Homeostasis)

자연계에 존재하는 생물이나 무생물 인자에 의해 균형을 유지하고자 하는 힘이다. 사람의 경우 호르몬이 남성성과 여성성을 유지해주는 인자로 작용한다고 할 수 있다.

자연생태계는 지속적으로 순환하고 있으며, 일정한 복원능력에 의해 항상성이 유지되고 있으나 자연생태계의 훼손이 심할 경우 항상성의 균형이 파괴되면서, 생태계가 원상태로 회복되는데 많은 시간과 비용을 초래한다.

2) **안정성**(Stability)

자연계는 다양한 동・식물이 동시에 존재하므로서 생태계의 안정성을 유지하고 있으며, 자연계 스스로가 안정성을 지향하고 있다. 동,식물 군집은 동일종 군집과 서로 다른 개체군의 군집이 어우러져 포식자와 피식자, 식물과 곤충, 숙주와 기생생물, 천적관계 등이 복잡한 먹이망으로 연결되어 있으며, 다양성이 풍부할수록 전체적으로 유연하고 탄력적인 안정성을 유지한다.

3) **적응성**(Adaptablilty)

자연적인 환경에서 생물체가 무생물체와 더불어 생존하기 좋은 환경이나, 생존체계를 형성 가능하도록 적응해 나가는 반응이다. 동일한 환경조건에서 생물종의 서식처 및 특성에 따라 적응에 미치는 영향이 다르다.

3.4 생태계의 변화

인류가 생태계를 변화시키는 행위는 식량생산 및 증산을 위한 농경지 개발, 산림 벌채, 각종 건설 및 구조물 시공, 택지개발 등 다양하다.

1) 개발에 의한 생태계 변화

• 산림벌채 : 표토감소로 인한 강수량 저하
• 과도한 개발 : 척박한 토양 → 사막화 현상 → 토양의 암석화[3)]

2) 대기오염이 생태계에 미치는 영향

대기오염은 인간의 건강과 각 생물체의 생육 및 사멸에 직접적인 악영향을 미쳐 생태계의 균형을 파괴한다. 또 태양열이 지구로 방사될 때 지구는 단파방사를 흡수하여 지구를 따뜻하게, 역으로 적외선을 우주공간으로 방열하면서 지구의 온도를 일정하게 유지한다. 그러나 과도한 화석연료 연소로 배출되는 CO_2 양이 급증하면서 발생하는 영향은 다음과 같다.

〈CO_2 발생량 증가〉

① 지구의 온난화 야기 → 빙하 해빙 → 해수면 상승(Sea level rise) → 육상 면적 수몰(예 : 투발루, 몰디브, 키리바시공화국 등)
② 도시 스모그 현상 → 인체 호흡기질환 야기, 동·식물의 수명 단축

3) 농약살포에 의한 생태계 변화

우리나라의 주 농작물인 쌀 생산량이 30년 전과 비교하면 2배 이상 증산되고 있

3) laterrite : 토양의 암석화(홍토)

다. 농작물 증산을 위하여 사용하는 것이 농약류이며, 농약은 살포하는 즉시 토양에 흡수된다. 그 결과 다음과 같은 3R 문제가 발생한다.

- 저항성(Resistance)
- 해충화(Resurgence)
- 잔류성(Residue)

* 농약 살포 → 농작물 → 토양축적 → 초식성 가축 → 인체로 유입(생체농축 : Bioaccumulation)

4) 육상 생태계의 변화

산림의 극상림 상태 → 수렵, 농경시대 → 천연자원의 인공합성시대 → 환경변혁시대

5) 수역 생태계의 변화

수질오염원 : 가정오수, 도시하수, 분뇨, 축산폐수, 공장폐수, 광산폐수, 유류폐수, 방사선폐수, 냉각수(열폐수) 등 → 부영양화 현상 초래(N, P) → 적조현상(Red tide 현상 : 해양오염의 주범)

생태계의 변화 에피소드

- 곤충, 미생물, 사람의 무병장수≠ 인산인해 - 양식부족(쥐 1마리 1년 소비 곡식 4~7kg 연간 150~200만 섬)
  * Borneo : 고양이 전멸(바퀴박멸을 위해 DDT 무제한살포 바퀴박멸 성공)→고양이 치사
  ∴ 쥐가 극성 food-chain→곡식 소비량 급증→식량난 초래

예) 우리나라 : 개구리, 방아깨비, 곤충 멸충→농약살포 원인
  외국농산물 수입→18종의 신종 전염병 유입→해충 22종 발생
  - 자몽(미) : 깍지벌레,
  - 바나나(필) : 흑색점 무늬병, 난초(중) : TMV virus,
  - 튤립(네) : 푸른 곰팡이병,
  - 벼(일) : 벼물바구미(1960년대 인도네시아, 말레이시아의 목재수입+ 바퀴)

※ 1980년대부터 패혈증 환자 증가 : 중간숙주 들쥐→농약과다 살포로 메뚜기, 개구리의 멸종으로 뱀 개체수 저감→뱀의 감소는 즉, 들쥐의 증가(유행성 출혈열)

* 식물도 잠을 잔다 : 1992년 11월 일간신문 김포공항주변 가로등 농작물 피해 보상→추수기 : 가로등 주변 약 반마지기(100평)→이삭 없이 줄기만 수확

chapter 04 대기오염

4.1 대기 및 대기오염

1) 대기의 조성

인간이 매일 호흡하는 대기는 약 120개 항목의 원소 및 성분으로 구성되어 있다. 대기의 구성성분은

- 78%의 질소(N_2)
- 21%의 산소(O_2)
- 기타 1%(0.9%의 아르곤 외 0.1%의 미량성분의 이산화탄소, 수증기 등으로 구성되어 있으며 무색, 무취, 무미

* O_2 → 인체의 혈액 내 헤모글로빈과 결합하여 신체 각 조직에 산소 운반역할. (체내 물질연소에 이용)

2) 대기오염의 정의

세계보건기구(WHO)는 "대기 중으로 인위적으로 배출되는 오염물질의 양, 농도 및 지속시간에 따라 불특정 지역, 다수인에게 불쾌감을 주거나 공중 보건상 위해를 가하여 동·식물의 생존 및 인간생활, 재산을 침해하는 현상"을 대기오염으로 정의하고 있다.

[표 4-1] 주요 입자상 물질의 정의

항목	정의	입경(mm)
먼지	대기 중에 떠다니거나 흩날려 내려오는 입자상 물질	1~100
매연	연소 시 발생하는 유리탄소가 주성분인 미세한 물질	0.1~1
검댕	연소 시 발생하는 유리탄소가 응결한 입자상 물질	1 이상
훈연	가스상 물질이 승화, 증류, 화학반응하면서 응축하여 생성된 물질	1 이하
연무	증기의 응축 또는 화학반응으로 생성되는 액체입자(주성분은 물)	0.5~3
박무	시야를 방해하는 입자상 물질(수분, 오염물질, 먼지 등으로 구성)	습도 70% 이하
안개	대기의 작은 물방울이 모여 시정거리 1 km 이하인 상태	습도 70% 이상

3) **대기의 자정작용**(Self-Purification)

① 희석작용 : 대기 자체의 희석작용

② 세정작용 : 눈, 비로 인한 대기 중의 먼지, 가스 등의 세정작용

③ 산화작용 : O_2, O_3, H_2O_2의 산화작용

④ 살균작용 : 일광(자외선)에 의한 살균작용

⑤ 탄소동화작용 : 식물에서 CO_2 흡수하고 O_2를 생성하는 탄소동화작용

4.2 대기오염 물질과 발생

1) 대기오염물질

(1) 입자상 오염물질(Particulate matters = 분진)

① 먼지의 종류 : 먼지(dust), 연무(mist), 흄(fume), 검댕(soot), 매연(smoke), 스모그(smog), 안개(fog), 연무(haze), 비산재(fly ash), 미세먼지(PM_{10}), 초미세먼지($PM_{2.5}$), 중금속 물질(heavy metal)

② 입자상물질의 크기

- 조대입자(Corse particle) : 입자의 직경 2.5㎛↑(이상)~ 10㎛↓
- 미세먼지(PM_{10}) : 대기 중에 부유하는 입자상 물질의 크기는 10㎛ 정도.
- 초미세먼지($PM_{2.5}$) : 입자의 직경 2.5㎛↓(이하)
- 총부유분진(TSP : Total Suspanded Particle) : 미세입자 + 조대입자

> ※ Smog(Smoke+fog 의 합성어) : 대기 중에 배출된 오염물질(NOx, HC, SO_2)이 광화학 반응에 의해 산화물질(Oxidants : O_3, PAN, PBN)인 유독성 물질로 전환된 도심의 안개 같은 모습.

(2) 가스상 오염물질(Gaseous Pollutants)

연소과정으로 방출, 기화과정, 화학반응으로 생성(C, N, S 함유 가스)

① 탄소함유 가스(CO_2) : 화석연료 휘발유, 연료 연소시 유기용매 증발 과정에서 발생, 무색, 무취, 독성 일산화탄소(CO), 탄화수소(HC), 산화탄화수소(CHO)로 구성된 화합물, 광화학 반응[1]의 2차 오염물질

② 황화합물(SOx) : 자극성 납, 아연, 구리 제련공장에서 배출
이산화황(SO_2) → 고농도 황산염, 황산입자 화합물 → 기관지 염증 야기
탄소, 황, 수소의 화합물(Mercaptan), 달걀 및 생선부패 가스 냄새 H_2S

③ 질소산화물(NOx) : NO, NO_2, N_2O, N_2O_5(무수질소), 무색 질소산화물은 광화학적 스모그와 산성비의 요인

④ 오존(O_3) : 질소산화물과 탄화수소의 반응으로 생성

⑤ 벤젠(C_6H_6) : 휘발성 유기화합물(발암물질)

(3) 액체상 오염물질

대기오염물질이 강우와 함께 지상으로 낙하하는 산성비, 눈(SOx, NOx가 원인)

1) 광화학반응(Photochemical reaction) : 대기오염물질과 태양광과 반응하여 2차 오염물질을 생성하는 것.
예) O_3, PAN(Peroxyacetyl Nitrate), PBN(Peroxybezoyl Nitrate)

2) 대기오염물질 발생원

- 고정 배출원(Stationary source) : 화력발전소 및 산업체 연료, 난방용기 등에서 배출하는 것
- 이동 배출원(Mobile source) : 자동차, 비행기, 선박, 산불, 태풍, 지진, 해일 등 이동하면서 발생하는 것

(1) 1차 오염물질(primary pollutants)

고정 및 이동배출원에서 직접 대기로 배출하는 오염물질을 말하며, 태양광과 반응하지 않고 단독으로 존재하는 대기오염 물질이다.

(2) 2차 오염물질(secondary pollutants)

자동차 등의 이동 배출원에서 대기로 직접 배출된 오염물질 중 일부가 태양광과 광화학 반응하여 생성된 물질을 2차 오염물질이라 한다. 즉, 대기 중 O_3, 탄화수소, PAN, PBN 등을 포함하는 Oxidant(예 : $NO \rightarrow NO_2$)

※ Oxidants의 유해 작용
① 눈 후두부 점막조직 자극, 증상↑ 호흡곤란, 실신
② 화초, 수목에 피해
③ 고무제품 및 건축물 노후화

※ Greenhouse Effect : CO_2에 의한 대기 온도 상승효과 → 지구온난화
Blocking Effect : 태양광 에너지 차단 - 지상 태양에너지 도달방해
∴ 지표면 온도 강하 (냉해현상)

4.3 대기오염의 영향

1) 인체에 미치는 영향

대기오염사례 : 심장, 폐질환, 호흡기질환, 발병률·사망률 증가

① 런던 스모그 사건(1952) : 4주간 4,000여 명 사망(만성폐질환 환자 8천 명)

② 뮤즈벨리 사건(1930) : 3일간 60여 명 사망(급성호흡기 질환자 증가)

③ 도노라 계곡사건(1948) : 4일 동안 도시인구 14,000명 중 6,000명이 심장질환, 호흡곤란을 겪고 18명 사망

④ 뉴욕 대기오염 사건(1966) : 스모그로 200명 사망(1962), 170명 사망(1966)

2) 식물에 미치는 영향

① 오염물의 특성(농도, 기간, 화학적 특성)

② 기후조건(온도, 광도, 습도 등)

③ 토양조건(습도, 영양분)

④ 생물학적 요인(유전구조, 질병)

농작물 생산에 양적, 질적인 영향(예 : O_3 → 토마토, 담배, 콩에 영향)

3) 재산에 미치는 영향

① 금속부식　　② 고무제품노화

③ 섬유약화　　④ 빌딩, 건물 부식

⑤ 주변환경오염　　⑥ 문화재 손상

4) 기상에 미치는 영향(시정 감소)

① 안개생성 빈도수 증가　② 강수량 증가　③ 대기온도 변화

[표 4-2] 주요 대기오염물질의 영향

항목	영향	발생원
먼지	시정장애, 폐질환의 악화, 금속의 부식, 화학반응의 촉진 등	가정용 난방, 차량 배기가스, 타이어 마모, 나대지 등
오존	폐기능 손상, 눈, 코, 목 등 호흡기관 점막 자극, 작물 및 수목잎의 변색, 고무의 균열 등	차량 배기가스 중 포함된 이산화질소의 광화학적 분해에 의해 생성
이산화질소	호흡기 점막 자극, 금속의 부식, 식물생육 방해, 갈색 연무의 발생 등	산업체 및 화력발전소의 연료사용, 가정용 난방, 차량 배기가스 등
이산화황	호흡기 점막 자극, 만성 기관지염, 천식, 식물잎의 피해, 건물 및 동상의 부식 등	산업체 및 화력발전소의 연료사용, 가정용 난방, 차량 배기가스 등
탄화수소	암 발생률의 증가, 식물 생육 장애, 식물잎 및 싹의 비정상적 생장 등	차량의 배기가스, 가정 및 산업체 배출가스 등

4.4 대기오염 물질 저감 및 방지대책

1) 국내 대기질 현황

국내 대도시의 대기기준 현황은 1970~1980년대까지 대기오염도가 가장 높은 상태였다가 점점 감소하는 추세를 나타냈다. 특히 CO와 SO_2 오염도는 크게 저감하는 선진국형 오염현상을 나타낸 반면 PM_{10}과 NO_2 오염물질의 저감 속도는 느리고, 선진국 도시들에 비해 2배 이상의 오염도가 높은 현상을 나타냈다.

(1) 대기오염물질

① 이산화황(SO_2) : SO_2 농도는 2000년대 이후 승용차 및 화물차 등이 증가함에도 불구하고 소폭 감소하는 추세를 나타내었다. 그 이유는 우리나라가 황함유기준(1981년)과 배출허용기준을 강화해왔기 때문에 후진국형 SO_2 대기오염 현상을 탈피하였다.

[표 4-3] 국내 주요도시의 SO_2(이산화황) 농도 (단위 : ppm)

구분	2012	2013	2014	2015	2016
서울	0.005	0.006	0.006	0.005	0.005
부산	0.006	0.007	0.007	0.006	0.005
대구	0.004	0.004	0.004	0.003	0.003
인천	0.007	0.007	0.007	0.006	0.006
광주	0.004	0.005	0.004	0.003	0.003
대전	0.004	0.004	0.004	0.004	0.003

② 이산화질소(NO_2) : 전국적으로 소량씩 개선되고 있으나 선진국과 비교하면, 여전히 높은 수준을 유지하는 이유는 자동차의 증가와 산업체 배출량이 높은 것이 주 원인이다.

③ 총부유분진(TSP, Total Suspended Particulate) : 2016년 우리나라 서울시의 연평균 PM_{10} 농도는 48~58㎍/㎥의 농도를 나타내고 있다. 수도권의 경우 이천이 가장 높고, 광주가 가장 낮은 오염도를 나타내고 있으나 지역별로는 비슷한 수준을 나타내고 있다. 전국적으로 조금씩 개선되는 추세를 보이고 있으나, OECD 주요선진국과 비교하면, 미흡한 실정이며 사람들의 건강 위해성 문제가 제기되고 있는 실정이다. 특히 서울의 초미세먼지 농도 $PM_{2.5}$의 경우는 23~26㎍/㎥를 나타내고 있어 사람들의 생활 및 건강상에 열악한 대기환경에 노출되고 있어 문제가 심각한 상황이다.

2) 대기환경기준

대기환경보전정책[2]은 국민의 건강이나 환경에 있어서 대기오염으로 인한 위해를 예방하고 대기환경을 청정하고 지속가능하게 관리 및 보전하여 모든 국민이 쾌적한 환경에서 건강하게 생활할 수 있게 하는 것이다.

이 목표 달성을 위한 국가적인 책무는 대기환경기준을 국제적인 기준 또는 그 이

2) 대기환경보전 정책 : 대기질을 개선하기 위한 정부가 정한 정책 중 하나이다.

상으로 설정하고 기준을 초과하지 않도록 산업현장, 자동차, 건물 등 각 배출원 별로 오염물질 관리대책을 수립 및 추진하는 것이다. 대기환경 기준[3])은 우리나라가 지향하는 목표치를 설정해야 한다는 뜻이다.

「환경정책기본법」에서 규정한 환경기준은 대기, 수질, 폐기물 및 소음・진동, 악취 등 분야별로 설정되어 있다. 대기환경 기준은 최초인 1978년에 CO_2 에 대한 기준을 규정했으며 현재 8개 항목으로 규정하고 있다. 전반적으로 주요 선진국과 비교해서 기준치가 근접하며, 우리나라는 대부분의 선진국들이 이미 시행하고 있는 초미세먼지 $PM_{2.5}$ 에 대한 기준을 2018년부터 적용 시행하고 있다.

[표 4-4] 대기환경 기준 8개 항목

항목		2011년 이후	2018.03.27. 이후
ppm	SO_2	0.02/년, 0.05/일, 0.15/시간	-
	NO_2	0.03/년, 0.06/일, 0.1/시간	-
	CO	9/8시간, 25/시간	-
Dust (㎍/㎥)	TSP	-	
	미세먼지(PM_{10})	50/년, 100/일	-
	초미세먼지($PM_{2.5}$)	25/년, 50/일	15/년, 35/일
O_3(ppm)		0.06/8시간, 0.1/시간	-
Pb(㎍/㎥)		0.5/년	-
HC(ppm)		-	-
벤젠(㎍/㎥)		5/년	-

출처 : 환경정책기본법 시행령 [대통령령 제28720호, 개정 후 시행 2018. 3. 27.]

3) 대기오염물질 저감기술

(1) 입자상 오염물질의 처리

입자상오염 물질의 제거 처리 방식은 다음 4가지 방식이 있으며 배출가스의 양, 질, 제거목표기준 등을 기초로 하여 단위장치를 조합하여 처리공정을 구성한다.

3) 대기환경기준 : 공장등의 배출자가 의무적으로 준수해야 하는 배출허용기준이며, 준수하지 않으면 벌칙부과됨.

① 원심력집진기 : 사이클론(Cyclone) 장치

② 세정집진기(Wet scrubber) : 분진을 함유한 가스상 오염물질 제거에도 사용

③ 여과집진기(Bag filter) : 가스상 오염물질제거 가능

④ 전기집진기(Electrostatic Precipitator) : 미세입자를 집진방식으로 제거

(2) 가스상 오염물질의 처리

일반적으로 연소, 소각 및 생산과정 등에서 발생하는 유해성 가스 또는 배출가스 혼합물질 등을 제거하기 위한 처리공법은 다음과 같은 단독 또는 혼합형 기술로 처리 할 수 있다.

① 흡수법(Absorption) : 불순물을 함유한 유해가스가 물에 잘 녹는 수용성(HCl, NH_3, HF, Cl_2, etc.)일 경우 물로 흡수하여 가스와 분리하는 방법

② 흡착법(Adsorption) : 오염물질을 흡착제의 표면에 물리화학적으로 흡착시켜 제거하거나 유기용매를 회수하는데 이용하는 건식법

③ 연소법(Incineration) : 배출가스 중 연소 가능한 휘발성 유기화합물 등을 직접 연소시켜 제거하는 방법

④ 촉매전환법(Catalytic conversion) : 산화법의 일종이다

⑤ 응축법(Condensation process) : 가스상의 오염물질을 응축・냉각시켜 액체상으로 전환하여 제거하는 방법

(3) 자동차 배출가스 저감대책

자동차 배출가스 저감 대책은 발생원에서 줄여야 효과적이므로 자동차의 연료 개선, 저공해 엔진 개발, 청정에너지원(전기, 태양열)자동차 개발이 최우선적으로 중요하다. 따라서 자동차 저감 방안은 다음과 같다.

① 저공해 자동차 보급 : 현재 대중교통을 위한 시내버스는 천연가스 버스로 교체되고 있으며, 향후 시외버스, 학교버스, 화물차 등 차량들도 천연가스(CNG)

차량이나, 친환경 자동차종인 전기자동차, 수소 연료전지 자동차 등으로 보급 및 교체해 나가야 할 것이다.

② 자동차 제작 시 배출허용기준 강화

③ 자동차용 연료 품질기준 강화하거나 관리

④ 자동차 공해 저감을 위하여 시행 중인 제도

- 공회전(idling) 제한(겨울철 시동 시 최대 3~5분 이하)
- 엔진결함 시정제도(Recall system)
- 환경친화적인 교통체계 확대

ex) 혼잡통행료부과, 버스전용차로제, 환승주차장, 전기트램, 지하철 이용체계 확대 등

- 운행차량 관리 강화 : 배출가스저감 장치 부착, 조기폐차, 저공해화 사업지속

표 4-5 자동차 오염물질 배출 허용기준(2018년)

구분(g/km)	NOx + HC	PM	CO
휘발유/가스차(2016.1~)	0.019	0.002	0.625
경유차(2015.9~)	0.09	0.0045	0.500

4) 기상학과 대기오염

(1) 대기오염 문제를 야기시키는 요소

① 지역활동으로 인해 발생된 오염물질의 종류와 양

② 지형

③ 풍향, 풍속, 일사량, 강우 습도, 온도 변화 등의 기상조건

④ 바탕 오염

※ 기온역전(Inversion Condition) : 표고에 따라 온도 증가 → 대기 안정 상태(제한된 공기 확산)
즉, 한 지점의 공기는 상승하려해도 주위 공기보다 밀도가 높으면 상승할 수 없어 정체된 현상.

〈역전의 종류〉

① 지표역전(surface inversion) : 하늘이 맑아 평지에 태양이 내려 쪼일 때

② 고공역전(elevated inversion) : 찬 공기와 더운 공기가 어느 층에서 형성되는 것

③ 야행성 역전 : 밤에는 지면 가까이의 온도가 공기의 온도보다 높기 때문에 기온의 역전이 생김(다음 날 아침 : 이슬, 서리, 땅안개, 오염물질이 지면을 따라 넓게 퍼져있음) → 해가 뜨면 역전이 파괴되어 없어진다.

※ 역전기간 동안 오염물질의 농도 증가, 기온은 고도에 따라 증가(평상시의 경우 고도가 증가하면 오염물질농도가 감소함)

chapter 05 수자원과 수질오염

5.1 수자원과 수질오염

1) 수자원의 분류 : 지표수, 지하수, 해수 강수, 댐, 지하수

지구의 표면적은 5.1억 km^2 중 약 70%에 해당하고 13.7억 km^3가 해수의 양(97.5%)이다. 또한 그 외의 물은 빙하 1.75%, 지하수 0.72%, 하천수 0.0001%, 담수는 지표수로 2.5%로 농업·공업용수 등으로 이용하고 있다. 지구상의 수자원 분포는 [표 5-1]과 같다. 그 중 비교적 용이하게 이용할 수 있는 수자원은 하천, 호소의 물이며, 지하수는 0.8%에 불과하다.

(1) 지표수(Surface water) 자정작용으로 정화 : 하천, 저수지, 호수

(유기질↑, 세균, 미생물, 탁도↑)

① 하천(Stream water) : 수력 발전, 관개수, 운반수단

② 호소수(Lake water) : 지표수+지하수(물의 수집률, 값싼 운반수단, 최근 위락시설)

(2) 지하수(Ground water)[1)] 통기대

지하 공극에 물과 공기 → 식물에 이용

포화대 : 지하수 누적량 → 지표에서 30m 내 지하수면(water table)

대수층(aquifer) : 물이 있는 층

1) 지하수의 유속은 지질 환경조건에 따라 다르므로 유속도 일정치 않다. 1~2m/year만 이동하는 경우도 있음

(3) 우수(Rain water)

우수저장이 중요하며 pH 5.6~6.0 정도, pH 5.6 이하는 산성비[2]이다.

(4) 복류수(River bed water)[3]

하천 저부, 측면부로 침투하여 집수되는 물이다.

(5) 해양수(Ocean)

해양수의 평균염도는 35,000 ppm이며 음용수의 최고허용농도의 70배이다.

(6) 빙하(Glacier)

지표면의 수원 10%가 빙하이며, 남극대륙에 85%, 그린란드 11%, 기타 4%로 구성되어 있다.

[표 5-1] 지구상의 수자원 분포

구분		지구상의 분포	
		부피(10^{12} ㎥)	비율(%)
총계		1,360,000	100
해양		1,320,000	97.2
육지	육지 계	37,800	2.8
	담수호	125	0.009
	염수호/내해	104	0.008
	하천	1.25	0.0001
	토양수분	67	0.005
	지하수	8,350	0.61
	빙하	29,200	2.14
	대기(수증기)	13	0.001

2) 산성비의 pH5.6 이하인 경우를 말한다.

3) 국내에서도 수질이 양호한 강변여과수의 상수원화를 위해 낙동강 하류에서 채취하였으나, 양이 적어 실용화 못함.

※ 지하수가 오염될 확률은 적지만, 한번 오염되면, 심각한 문제와 회복에 장시간의 기간과 비용이 소요된다. 그 이유는 다음과 같다.

① 오염된 지하수는 산소와 미생물이 적어 정화과정이 어렵다.

② 지하수의 오염상태를 측정하기 어려우며, 인위적으로 정화하기 어렵다.

③ 지하수 오염은 장기적으로 발생하고 유속이 느리기 때문에 오염물질을 바다나 하천으로 흘려보내면서 세정하는 데 수 년에서 수십 년이 걸릴 수 있다.

2) **물의 순환**(Water Cycle)

물은 지구상 생물의 생명유지를 위하여 끊임없이 순환하며, 성상은 고체, 액체, 기체 상태로 증발, 농축, 응축과정이 연속적으로 일어나며, 즉 대기 중에 존재하는 수분은 증발 후 응축하여 눈과 비, 우박 등으로 지상으로 떨어진다. 지표면의 수분이 증발하여 대기 중에 구름 또는 안개의 물방울 5~50㎛ 크기로 극미세 입자나 기온이 저하할수록 0.2~0.5mm크기의 빗방울이 된다.

① 물(Solar light) → Evaporation : 액체 → 수증기 구름, 안개의 물방울 : 5~50㎛로 육상낙하

② 대기 중 수분 —Condensation(응결) / Precipitation→ 바다, 육상(Deposition)

③ 강우(Precipitation) : 대기 중 수분과 구름에서 지표면으로 비, 눈, 우박

④ 물의 순환 속도 : 수증기(구름) 9일, 식물 16일, 토양 51일 주기로 순환

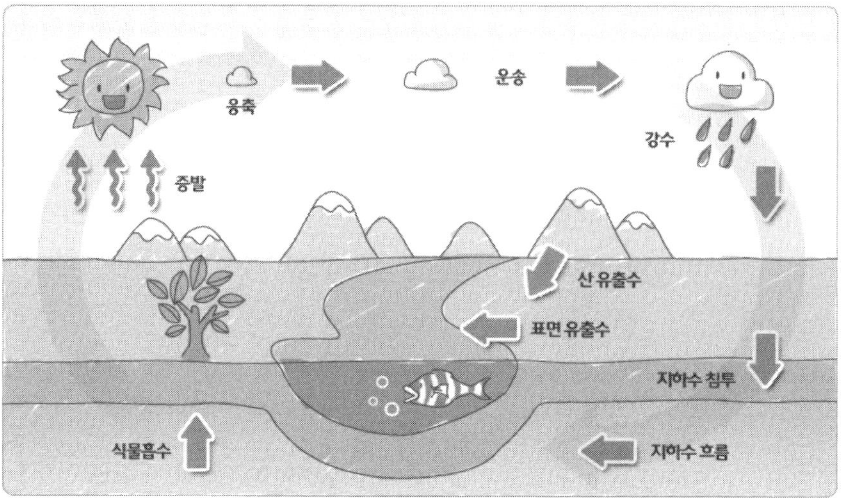

〈그림 5-1〉 자연계의 물의 순환

5.2 수질오염 및 지표

1) 수질오염의 정의

자연수(Natural Water)의 정의

① 무취, 무색, 무미하며 수온은 주위 상온과 비슷할 것

② 부유물질, 거품이 없을 것

③ 무기 영양소의 균형을 이룰 것

④ 유기 영양염 함유할 것

≠ 수질오염(Water Pollution) : 균형 파괴로 수질오염이 발생

수질오염이란? 자연수역의 수질이 인간 및 산업 활동 등으로 배출된 하·폐수 및 분뇨 등에 의해 자정작용을 상실하여 생물이나 인간에 피해를 주는 현상

(1) 우리나라의 물환경 현황

우리나라 수자원 총량은 2016년 기준으로 1,297억 m^3로 이 중 이용 가능한 수자원량은 758억m^3이며 실제 물 이용량은 333억m^3이다. 국내 연평균 강수량은 1,277mm (~2017년)로 세계평균 807mm의 약 1.6배이나 1인당 가용수자원량은 2,629m^3/1인[4]로 세계평균 16,427m^3과 비교하면 사용할 수 있는 물의 양은 적다고 할 수 있다. 우리나라의 수자원 총량과 이용량은 〈그림 5-2〉와 같다. 또한 국내 연강수량의 70% 정도가 6~9월 여름철에 집중되어 국지적 홍수로 나타나고 있다. 이로 인한 영향은 다음과 같다.

① 여름철에 집중되는 강우로 인한 홍수피해
② 강우부족에 인한 가뭄피해는 매년 반복적으로 경험하는 현실
③ 전 세계적으로 이슈화되고 있는 기후변화에 의한 태풍, 홍수, 폭설, 혹한, 가뭄 현상
④ 국내 물관리 여건의 불확실성에 의한 물 관련 재해로 인한 피해 가능성 증가

따라서 수자원 확보에 효과적으로 대응 가능한 정책수립 및 대책을 강구해야 할 것이다. 국내 수자원의 공급은 지표수 89%, 댐 57%, 하천 32%, 나머지 지하수가 11%를 차지하고 있다. 수자원의 분야별 이용현황은 [표 5-2]와 같다.

[표 5-2] 수자원 분야별 이용현황 (단위 : mm)

구분		1965	1980	1994	1998	2003	2007
수자원총량		1,100	1,140	1,267	1,276	1,240	1,297
이용현황	총이용량	51.2	153	301	331	337	333
	생활용수	2.3	19	62	73	76	75
	공업용수	4.1	7	26	29	26	21
	농업용수	44.8	102	149	158	160	159
	유지용수	-	25	64	71	75	78
당해연강수량		1,171	1,367	923	1,630	1,756	1,380

출처 : 수자원분야별이용현황(수정계획 2021년)

4) 1인당 가용 수자원량 : 전 국토의 연간강수량의 유출량을 인구수로 나눈 값이다. 이는 UNEP등에서 공식적으로 사용하는 국가별 수자원의 여건판단 지표로 이용되며, 우리나라는 1인당 가용 수자원량이 153개국 중 129위 이다.

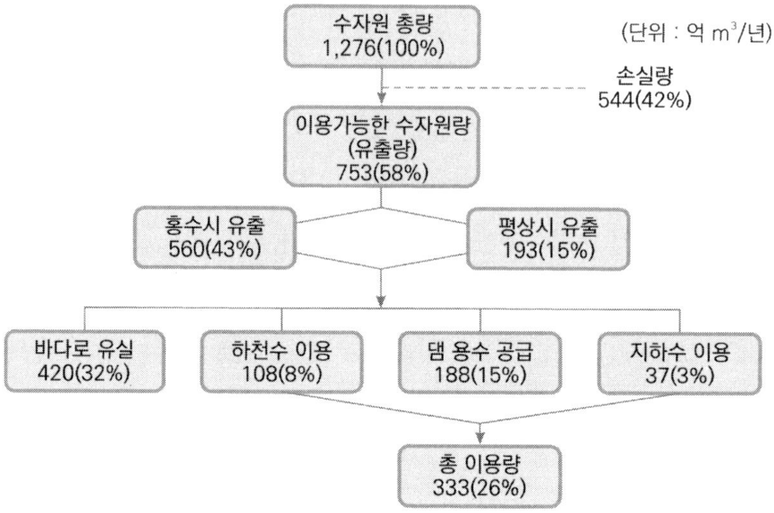

〈그림 5-2〉 우리나라의 수자원 총량과 이용량

2) **수질오염의 원인**

① 생활하수(Domestic wastewater) : 가정오수가 모여 도시하수가 됨

(도시하수종말처리장에서 하수처리)

② 산업폐수(Industrial wastewater) : 피혁, 도금, 섬유, 화학공장(중금속 폐수)

③ 축산폐수(Animal wastewater) : 유기물함량이 매우높아 처리곤란

(고농도 폐수 → 농축처리 → Biogas화)

④ 기타 : 비점오염원(농약, 비료, 합성세제 등)

3) **수질오염 지표(단위** : ppm, ppb)

① 탁도(Turbidity) : 인공 탁도 표준액 → 카올린

정수방법선정, 약품처리시설을 위한 기본항목

② 부유물질(SS :Suspended Solid) : 박테리아, 철 박테리아 등

③ 색도(Color) : 현탁색도(응집처리가능) 및 조류(Algae) 처리(초록~갈색 : 녹조류, 남조류, 규조류, 철분 → 빨강, Mn → 흑갈색)

④ 수소이온농도(pH) : 6.5~7.5(자연수)

⑤ 용존산소(DO, Disolved Oxygen) : 환경보존법상 < 담수 : 6.5ppm ↑ / 해수 : 5ppm ↑

⑥ 생물적 산소요구량(BOD, Biological Oxygen Demand)

- 수중의 유기물 → 호기성 세균의 분해 → 오염물질 안정화
- 유기물이 미생물에 의해 분해 섭취되므로 산소소비량은 시간에 따라 증가

  ∴ BOD↑ : 유기물질량 증가, DO 감소(호기성 세균 증식 촉진 → 산소소비량 증가)

  ∴ DO 감소 → 혐기성 세균↑(CH_4, H_2S 악취성분가스)
- 측정법 : 채수 → DO 측정 후 20±5℃ 5일간 배양 → 감소된 DO량 측정 (ppm) → BOD_5 ∴ 빛이 없는 곳에서 배양

⑦ 화학적 산소요구량(COD, Chemical Oxygen Demand)

- 물속의 총산화성 물질량 측정시 화학적 산화제의 산소요구량

  측정 시 - $K_2Cr_2O_7$(중크롬산 칼륨법) - 유기물의 80% 분해

  - $KMnO_4$(과망간산 칼륨법) - 유기물의 60% 정도 분해

  해역, 호수의 수질오염의 지표

∴ COD↑: 무기성 오염물질 증가, 비분해성 유기물질 증가

※ 유기물질(Organic matter)이란? 물속에 있는 유기물질은 탄화수소화합물로서 생물적 산소요구량(BOD), 화학적 산소요구량(COD), 이론적 산소요구량(ThOD) 및 총유기탄소(TOC) 등으로 나타내며, 유기물의 형태는 낙엽, 육상식물 및 생물의 부패물, 배설물, 미생물분해산물 등 POM(Particulate Organic Matter)과 부착성 박테리아에 의한 DOC(Dissolved Organic Compound)가 POC(Particulate Organic Carbon)로 전환된 것 등이 있다.

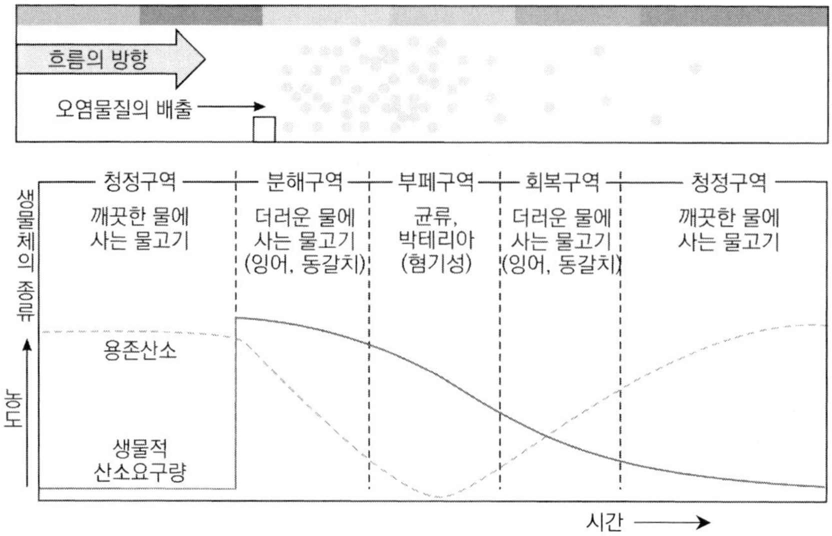

〈그림 5-3〉 유기물질로 오염된 수역의 정화과정

※ 상수를 BOD 기준시

1급수 : 1ppm 이하 = 상수원

2급수 : 1~3ppm = 공업용수

3급수 : 3~6ppm = 농업용수가능

10ppm 이상 → 농업용수도 불가능

⑧ 질소화합물

단백질, 아미노산, 요소, 요산

유기물 → NH_3-N, → NO_2^--N → NO_3^--N (질소화합물의 최종분해산물 오염시기는 오래된 것으로 추정)

- 최근오염 의미
- 동시 검출되면 식수 불가능
- 음료수기준10ppm

⑨ 대장균군 : 세균의 일종 유당 → 산 가스 생성하는 호기성균

분뇨오염 의미, 살균후 Coliform 유, 무는 → 다른 병균 생존 지표

⑩ 생물상의 변화

산소농도↑ : 가재, 조개, 농어,

산소농도↓ : 메기, 잉어

그 외 오염 심한 곳 : 세균, 곰팡이

[표 5-3] 수질오염지표의 종류

지표	종류
화학적 지표	pH, BOD, COD, NH_3-N, NO_2-N, NO_3-N, P, Cd^{+6}, As, Hg, PCB 등의 화학물질 등
생물학적 지표	대장균군, 장내세균, 일반세균, 바이러스 등 수생생물 현존량, 군집상태 등
물리적 지표	탁도, 색도, 투명도, 수온, 부유물질(SS)
감각 지표	맛, 냄새 등의 인간의 관능적 감각기준

4) 오염물질이 생물에 미치는 영향

① 부유물질 증가 : 혼탁 → 광선투과율 감소 → 수생식물 성장억제
어류의 산란장소 · 피난처 감소, 물밑 무척추동물 생존방해, 가시범위 좁혀 → 먹이 찾는 능력저해, 부유물질 → 아가미 흡착 → 호흡장해 → 어폐류 폐사

② 열오염(Thermal Pollution)에 의한 영향 : 화력, 원자력 발전소 → 방류 냉각수 → 수온상승 호흡률 증가 → 미생물의 산소요구량 증가 → 수온이 높아질수록 DO 감소(산소결핍, 병원성세균 활발, 수인성 질병 야기)

- 열재이용(폐열 → 회수) : 양식어업, 겨울(새우, 굴 성장 증진), 건물난방
  ⇒ 열오염 감소 동시 화석연료 절감
  (송어 : 25℃ 산란 x, 잉어 : 35℃까지 견딤, 30℃ : 오수균류 생장촉진, 방류수온은 담수 : 25℃ 이하, 하수 : 20℃)

③ 유류오염 : 얇은 유막 형성 → 용존산소량 감소 → 모피 동물오염 → 해양생물오염, 회복기간(수주에서 5~10年)

- 1967년 Torrey Canyon 호 : 10만 톤의 유류
- 1976년 Argo Merchant 호,
- 1978년 Amoco Cadiz 호,
- 1979년 Mexico 유전사고 → 대규모 유류 유출사고

④ 유기물 오염 : 유기물 → 생물 분해작용 → 부영양화 Eutrophication

※ 부영양화 : 인산염(세제), 질산염(비료) 증가 → 생물의 성장률 촉진(녹조류, 남조류) → Algal bloom(조화 현상) → Red Tide(규조류, 편모조류, 섬모충류) → 무산소 수역 적조, 플랑크톤↑(어패류 질식사, P.S.P 마비중풍환자 : Paralytic Shellfish Poison) → 어패류, 인간도 중독사 가능)

* 질소 → 0.3ppm 이상, 인산 → 0.015ppm 이상(철, 망간도 조류증식에 영향)
NO_3-N 식수를 통하여 → 혈액속 → Hb과 결합 → Met-hemoglobin : 무산소증,
NO_3-N + Amine(식품속의) → Nitrosoamine 발암물질 발생

* 적조발생 원인 : 온도↑, 염분↓, 영양염↑(충분할 때) → 생물의 유해가 부패, 분해, 퇴적 과정에서 산소소비, → 무산소 수역형성(Red tide)

⑤ 방사성 폐기물 : 땅속에 폐기 처분
바다 투기시 해양생태계 → 파도에 의해 핵물질 흡착된 입자 → 물보라, 에어로졸 → 공기 중 방출 → (호흡으로 생물체 유입, 물속에 부유 등) → 먹이망, 연쇄 → 사람, 어패류, 식물에 섭취.
* 방사능물질의(생물 농축) Biological Accumulation :
$^{90}Sr,\ ^{137}Cs,\ ^{60}Co,\ ^{238}Pu,\ ^{239}Pu,\ ^{106}Ru$

⑥ 세균 : Virus, 세균, Protozoa, 기타 수인성 전염병, 대장균(E. Coliform) → 염소소독(Chlorination) MPN 200개/100ml 이상 검출시 휴양지 폐쇄
* THM(발암물질)[5] → 염소처리시 일부생성, 오존처리 시 해소가능

⑦ 독성 : 중금속, 유기염소계 화합물, 전 세계 해양에 퍼져 있음, 동물섭취 → 지방조직축적 → Food Chain → 독성농축(Bioaccumulation)어류, 동·식물, 인간성장과 생명에 위해

⑧ 지하수오염 : 유기산 방출(식물분해에 의함) ∴산성 → 칼슘, 마그네슘↑

5) THM : Trihalomethane, 발암성물질

5.3 수질오염의 영향

1) 인체에 미치는 영향

오염된 물을 사람이 이용하면 건강에 치명적인 피해와 수인성 전염병으로 인한 다수의 사람들에게 집단적으로 병을 유발할 수 있다. 사람에게는 직접적인 피해를 끼치는 경우와 오염된 수역에서 서식하는 어패류 및 농작물에 의한 간접적인 피해를 미칠 수도 있다.

① 수은(Hg), 카드늄(Cd) 농축은 미나마타병, 이따이이따이 병을 유발하며, 중금속 중독의 대표적인 병이다.

② PCB오염의 생물농축 또한 먹이사슬에 의한 심각한 중독현상을 야기할 수 있다. 즉, 물속에는 미량 존재하더라도, 그림과 같은 Food chain에 의한 농축과정은 10배에서 백만배까지 농축될 수 있다.

③ 크롬(Cr^{+6})은 피부염, 비소(As)는 순환장애, 지각장애를 유발하고 납(Pb), 유기인, 시안 등은 신경장애 및 헤모글로빈 작용을 방해한다.

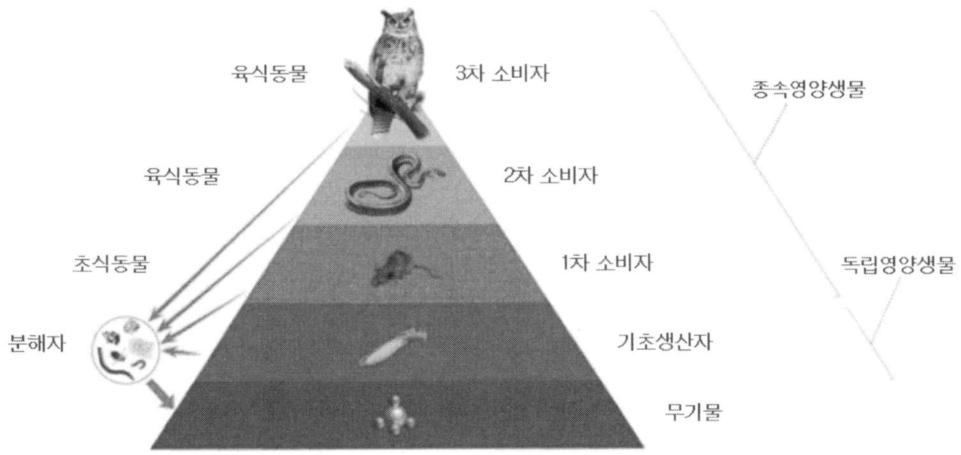

〈그림 5-4〉 먹이연쇄를 통한 피라미드

2) 환경에 미치는 영향

산업화 및 도시집중화 그리고 인구증가와 생활수준의 향상에 따른 수질오염의 증가는 수질오염의 인위적 요인이며, 공공재인 수자원의 경제적 가치를 하락시키는 원인이 된다. 수질오염 현상 중 대표적인 것은 부영양화(Eutrophication)로 인한 적조현상이다.

① 부영양화(Eutrophication) : 식물성 플랑크톤(Phytoplankton), 조류(Algae)가 급성장 → 수중의 용존산소 고갈 → 적조현상 야기 → 어패류 집단폐사 → 수중생태계 파괴 → 폐사된 어패류 등 수거 → 수질상태 회복

② 유류오염 : 유류 유출오염

③ 기타 유독성 유기화합물 : 페놀, 시안화물, 타르 등의 화학물질이 수역으로 유입되면, 수중 미생물을 감소시켜 자정작용을 저해하고 극소량이라 할지라도, 수 생태계 및 생물생존에 악영향을 미친다.

④ 다량의 유기오염물질 : 수역의 유기물에 의해 용존산소가 고갈되어 호기성균이 사멸하고 혐기성 세균이 서식하면서 유기물의 혐기성 분해로 인한 유화수소, 아민 등의 악취를 발생한다.

5.4 수질오염의 방지대책

1) 수질환경 기준

국민의 건강보호와 깨끗한 물환경 조성을 위한 국가의 수질관리 목표를 위하여 보호지역 선정, 배출허용기준, 수질오염에 대한 각 종 규제수단의 근거 기준이다. [표 5-4~6]은 인체의 건강보호를 위한 수질환경기준이다.

[표 5-4] 인체의 건강보호 수질환경기준(하천, 호소 공통)

항목	기준값[mg/L]
카드뮴(Cd)	0.005 이하
비소(As)	0.05 이하
시안(CN)	검출되어서는 안 됨(검출한계 0.01)
수은(Hg)	검출되어서는 안 됨(검출한계 0.001)
유기인	검출되어서는 안 됨(검출한계 0.0005)
폴리클로리네이티드비페닐(PCB)	검출되어서는 안 됨(검출한계 0.0005)
납(Pb)	0.05 이하
6가 크롬(Cr^{6+})	0.05 이하
음이온 계면활성제(ABS)	0.5 이하
사염화탄소	0.004 이하
1,2-디클로로에탄	0.03 이하
테트라클로로에틸렌(PCE)	0.04 이하
디클로로메테인	0.02 이하
벤젠	0.01 이하
클로로포름	0.08 이하
디에틸헥실프탈레이트(DEHP)	0.008 이하
안티몬	0.02 이하
1,4-다이옥세인	0.05 이하
폼알데하이드	0.5 이하
헥사클로로벤젠	0.00004 이하

[표 5-5] 하천 생활환경기준

등급		기준[mg/L]							
		pH	BOD	COD	SS	DO	T-P	대장균군(군수/100mL)	
								총대장균군	대장균군
매우 좋음	Ⅰa	6.5~8.5	1 이하	2 이하	25 이하	7.5 이상	0.02 이하	50 이하	10 이하
좋음	Ⅰb	6.5~8.5	2 이하	4 이하	25 이하	5.0 이상	0.04 이하	500 이하	100 이하
약간 좋음	Ⅱ	6.5~8.5	3 이하	5 이하	25 이하	5.0 이상	0.1 이하	1,000 이하	200 이하
보통	Ⅲ	6.5~8.5	5 이하	7 이하	25 이하	5.0 이상	0.2 이하	5,000 이하	1,000 이하
약간 나쁨	Ⅳ	6.0~8.5	8 이하	9 이하	100 이하	2.0 이상	0.3 이하		
나쁨	Ⅴ	6.0~8.5	10 이하	11 이하	쓰레기 등이 떠있지 아니할것	2.0 이상	0.5 이하		
매우 나쁨	Ⅵ	-	10 초과	11 초과		2.0 미만	0.5 초과		

[표 5-6] 호소 생활환경기준

등급		기준[mg/L]								
		pH	COD	SS	DO	T-P	T-N	Chl-a (mg/m^3)	대장균군(군수/100mL)	
									총대장균군	대장균군
매우 좋음	Ⅰa	6.5~8.5	2 이하	1 이하	7.5 이상	0.01 이하	0.2 이하	5 이하	50 이하	10 이하
좋음	Ⅰb	6.5~8.5	3 이하	5 이하	5.0 이상	0.02 이하	0.3 이하	9 이하	500 이하	100 이하
약간 좋음	Ⅱ	6.5~8.5	4 이하	5 이하	5.0 이상	0.03 이하	0.4 이하	14 이하	1,000 이하	200 이하
보통	Ⅲ	6.5~8.5	5 이하	15 이하	5.0 이상	0.05 이하	0.6 이하	20 이하	5,000 이하	1,000 이하
약간 나쁨	Ⅳ	6.0~8.5	8 이하	15 이하	2.0 이상	0.1 이하	1.0 이하	35 이하		
나쁨	Ⅴ	6.0~8.5	10 이하	쓰레기 등이 떠있지 아니할것	2.0 이상	0.15 이하	1.5 이하	70 이하		
매우 나쁨	Ⅵ	-	10 초과		2.0 미만	0.15 초과	1.5 초과	70 초과		

2) 배출허용기준

수질보전 정책은 국가가 지향하는 수질환경기준을 준수하기 위한 수단으로 오염원별 배출허용기준을 설정·관리하게 된다.

[표 5-7] 항목별 배출허용기준〈BOD, COD, SS〉 (단위 : mg/L)

구분	1일 폐수배출량 2,000㎥ 이상			1일 폐수배출량 2,000㎥ 미만		
	BOD	COD	SS	BOD	COD	SS
청정지역	30 이하	40 이하	30 이하	40 이하	50 이하	40 이하
가지역	60 이하	70 이하	60 이하	80 이하	90 이하	80 이하
나지역	80 이하	90 이하	80 이하	120 이하	130 이하	120 이하
특례지역	30 이하	40 이하	30 이하	30 이하	40 이하	30 이하

*청정지역 : 매우 좋음(Ia)등급 수준의 수질을 보전하여야 한다고 인정되는 수역의 수질에 영향을 미치는 지역
*가지역 : 좋음(Ib), 약간좋음(II) 등급 수준의 수질을 보전하여야 한다고 인정되는 수역의 수질에 영향을 미치는 지역
*나지역 : 보통(III), 약간 나쁨(IV), 나쁨(V) 등급 수준의 수질을 보전하여야 한다고 인정되는 수역의 수질에 영향을 미치는 지역
*특례지역 : 환경부장관이 종말처리시설에서 폐수를 처리할 수 있는 공동처리구역으로 지정하는 지역

3) 방류수 수질기준

하·폐수 및 분뇨처리시설과 같은 종말처리시설에 적용되는 수질기준은, BOD, COD, SS, 및 T-N, T-P 등 5개 항목에 적용된다. 종말처리시설에서 방류되는 처리수는 직접 강, 하천, 바다 등으로 방류하므로 폐수배출허용 기준보다 엄격하다.

[표 5-8] 공공하수처리시설 방류수 수질기준

구 분	범 위
I 지역	가. 「수도법」 제7조에 따라 지정·공고된 상수원보호구역 나. 「환경정책기본법」 제22조제1항에 따라 지정·고시된 특별대책지역 중 수질보전 특별대책지역으로 지정·고시된 지역 다. 「한강수계 상수원 수질개선 및 주민지원 등에 관한 법률」 제4조제1항, 「낙동강수계 물관리 및 주민지원 등에 관한 법률」 제4조제1항, 「금강수계 물관리 및 주민지원 등에 관한 법률」

구 분	범 위
	제4조제1항 및 「영산강 · 섬진강수계 물관리 및 주민지원 등에 관한 법률」 제4조제1항에 따라 각각 지정 · 고시된 수변구역 라. 「새만금사업 촉진을 위한 특별법」 제2조제1호에 따른 새만금사업지역으로 유입되는 하천이 있는 지역으로서 환경부장관이 정하여 고시하는 지역
Ⅱ지역	「물환경보전법」 제22조제2항에 따라 고시된 중권역 중 화학적 산소요구량(COD) 또는 총인(T-P)의 수치가 같은 법 제24조제2항제1호에 따른 목표기준을 초과하였거나 초과할 우려가 현저한 지역으로서 환경부장관이 정하여 고시하는 지역
Ⅲ지역	「물환경보전법」 제22조제2항에 따라 고시된 중권역 중 한강 · 금강 · 낙동강 · 영산강 · 섬진강 수계에 포함되는 지역으로서 환경부장관이 정하여 고시하는 지역(Ⅰ지역 및 Ⅱ지역을 제외한다)
Ⅳ지역	Ⅰ지역, Ⅱ지역 및 Ⅲ지역을 제외한 지역

구분 [mg/L]		생물화학적 산소요구량 (BOD)	화학적 산소요구량 (COD)	부유물질 (SS)	총질소 (T-N)	총인 (T-P)	총대장균 군수 (개/㎖)	생태 독성 (TU)
1일 하수처리 용량 500㎥ 이상	Ⅰ지역	5 이하	20 이하	10 이하	20 이하	0.2 이하	1,000 이하	1 이하
	Ⅱ지역	5 이하	20 이하	10 이하	20 이하	0.3 이하	3,000 이하	
	Ⅲ지역	10 이하	40 이하	10 이하	20 이하	0.5 이하		
	Ⅳ지역	10 이하	40 이하	10 이하	20 이하	2 이하		
1일 하수처리용량 500㎥미만,50㎥이상		10 이하	40 이하	10 이하	20 이하	2 이하		-
1일 하수처리용량 50㎥ 미만		10 이하	40 이하	10 이하	40 이하	4 이하		-

2) 수질오염 관리대책

(1) 오염총량관리제도

수질오염총량관리제도는 목표수질을 적기에 달성하고 산업체종사자들의 책임감을 강화하여 효율적인 수질관리를 위한 제도이다. 그러나 배출허용기준 이하 오폐수의 양적 팽창에 따른 오염부하의 증가를 통제할 수 없어 수질개선에는 한계가 있다.

(2) 수변구역제도

강, 호수, 하천의 인접지역에는 오염행위 방지를 위하여 일정구간을 수변구역(Riparian buffer zone)으로 정하고 숙박 및 음식점, 목욕탕, 공장, 축사 등의 설치를 금지한 제도이다.

5.5 하 · 폐수처리기술

1) 하 · 폐수처리기술 개요

현대사회에서는 생활하수, 공장폐수, 축산폐수 등에 의한 수질오염의 발생이 심각하기 때문에 필수적으로 공공하수처리장, 산업폐수처리장, 축산폐수처리장에서 인위적으로 처리하여 강 또는 호수로 방류하여야 한다.

하 · 폐수처리기술의 발달 과정은 단순한 물리적 처리방식에서 시작하여 생물적 처리기술이 발달되어 현재까지 하수처리의 기본공정으로 이용하고 있으며, 20세기 후반부터 양질의 수질제공과 방류수 재이용을 위한 질소와 인 규제가 강화된 고도처리공법이 적용되고 있다.

[표 5-9] 하 · 폐수처리기술의 발전과정

구분	1세대	2세대	3세대
적용기술	물리화학적 공정	생물적 공정	고도처리(분리막) 공정
특징	• 화학약품 사용 • 다량의 슬러지 발생 • 설비 투자비용 적음	• 물리화학적 공정에 비해 2차 오염 감소 • 난분해성 물질 제거불가	• 처리효율 재고, 설비 • 자동화 및 컴팩트화 • 처리비용 증가

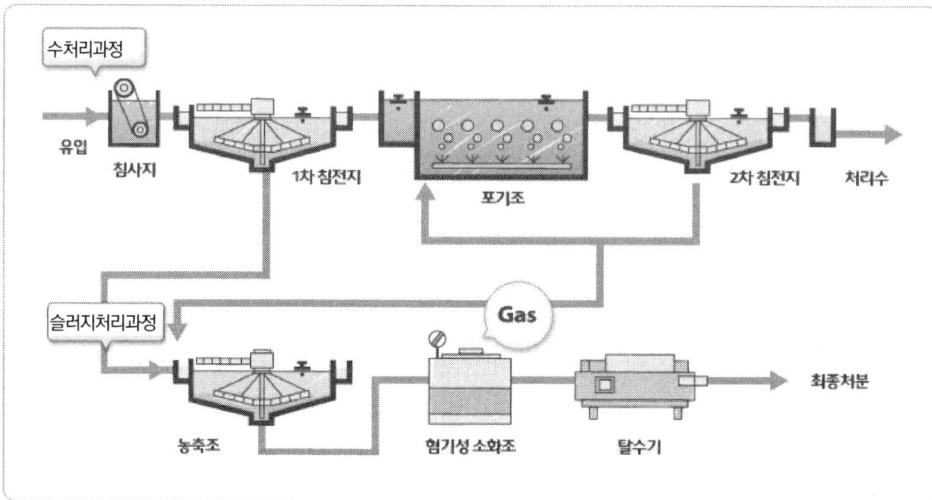

〈그림 5-5〉 하수처리공정 계통도

〈그림 5-6〉 국내하수처리장 전경

2) 하・폐수처리 기술

(1) 하・폐수 처리기술

활성슬러지 공법(Activated Sludge Process)은 BOD, SS 등을 90% 정도 제거하나, 질소와 인은 10~30% 정도만 제거하는 정도이다. 활성슬러지 공법은 물리적, 생물적, 화학적 처리를 병행하여 수질오염 물질을 제거하는 공정이다. 즉,

스크린 → 침사지 → 1차침전지 → 폭기 → 2차침전지(정화조) → 후처리(염소투입)순이다.

(2) 수질관리

① 상수원(water supply) : 하천, 호수, 지하수

② 수처리(water treatrment) : 미처리수(부유물질, Colloid입자) → 현탁물질 → 알미늄이온, 수산화이온 → 응괴(sludge) 처리 → 침전 → 급속모래여과(rapid sand filter) → 염소소독 → 배수

(3) 폐수처리

가정오수 → 도시하수 처리 등 모든 폐수에 가장 많이 이용하는 방법은 활성슬러지공법이다.

활성슬러지공법은 작은 공간 도시에서 처리하기 좋다. 물리적, 화학적, 생물적 병행처리 순서는 아래와 같다.

① 스크린 → ② 침사 → ③ 1차 침전 → ④ 폭기(생물적 처리) → ⑤ 2차 침전 → ⑥ 여과 → ⑦ 염소투입 ⇒ 배수 또는 방류

결국 하・폐수처리는 오염물질을 최저감하는 청정기술(Clean Technology)을 이용하는 것이다. 다음 [표 5-10]은 수처리의 물리・화학・생물적 처리공정 개요이다.

[표 5-10] 물리적, 화학적, 생물적 처리공정 개요

공정	구분	기능
물리적 처리	스크린 및 분쇄기	차단에 의해 굵은 고형물질 제거 및 분해
	침사 탱크	모래 및 자갈등을 가라앉혀 제거
	유량 균등조	후속 처리공정의 유량 및 유기물 부하 조정
	침전 탱크	중력에 의해 물보다 비중이 큰 고형물질의 제거
	부상분리	미세한 기포를 액상에 주입함으로써 물보다 비중이 작은 유류 물질등을 제거
	여과장치	생물적 또는 화학적 처리 공정의 잔류 현탁고형물 제거
화학적 처리	응집·침전	약품을 첨가하여 용존성 또는 현탁성 고형물의 물리적 특성을 변화시켜 침전이 용이하게 함으로써 제거시키는 방법
	흡착	용액중의 용존성 오염물질을 적절한 계면에서 수집하는 방법(흡착제로 활성탄 등이 사용)
	살균	곰팡이, 바이러스, 세균 등을 약품으로 제거하는 방법
생물적 처리	호기성 처리	• 하수 및 산업폐수를 처리하는데 일반적으로 사용되며, 호기성 미생물을 이용하여 유기물질을 제거하는 방법 • 활성슬러지법, 살수여상법, 장기폭기법, 라군(lagoon)법, RBC(rotating biological contactor) 등이 있음
	혐기성 처리	• 유기물질을 혐기성 미생물을 이용하여 메탄, 이산화탄소로 전환시키는 방법 • 활성슬러지에 비해 고농도 유기물질을 처리할 수 있고 산소의 공급이 필요 없음 • 단상소화, 이단소화, UASB(Upflow anaerobic sludge blanket), AF(Anaerobic filter)법 등이 있음

(4) 하수의 고도처리

하수처리시설의 2차 처리에서 처리되지 않은 오염물질을 처리하기 위한 추가공정을 3차 처리 또는 고도처리라 한다. 즉 질소(N), 인(P), 중금속물질, 난분해성물질, 발암물질 등을 처리하기 위한 시설이다.

- 용존 유기물 제거를 위한 활성탄, 막분리, 오존산화 시설 등 설치
- 질소, 인, 제거를 위한 암모니아스트립핑, 파과점염소주입, 이온교환, 화학적 제거
- 생물적 질소·인 제거 등의 시설 설치를 말한다.

5.6 정수처리

1) 상수도 및 정수처리 기술

먹는물 수질기준은 70kg 체중의 성인이 매일 2L씩 60년 동안 마셨을 때 먹는 물 속에 검출 가능성이 높은 물질이 건강상 장애를 유발하지 않는 수준의 안전한 물 섭취량을 인체 유해하지 않은 수준인 최대허용량[6](MAC : Maximum admission concentration)으로 규정하고 있다.

우리나라는 수도법을 1963년 재정하였으며 당시 29개 수질기본항목에서 현재까지 58개 항목으로 늘려왔다. 먹는물 수질조사에서 미량유해물질 63개 항목을 조사하였다.

[표 5-11] 우리나라 먹는 물 수질 기준

구분	항목	수돗물	먹는샘물(제품)	먹는물 공동시설	먹는 해양심층수	먹는 염 지하수(제품)
미생물	일반세균 (Colony Forming Unit) (CFU/mL)	해당 없음	저온 (100CFU/mL)	100 CFU/mL	저온 (100CFU/mL)	저온 (100CFU/mL)
		100 CFU/mL	중온 (20CFU/mL)		중온 (20CFU/mL)	중온 (20CFU/mL)
	총대장균군	ND	ND/250mL	ND	ND/250mL	ND/250mL
	대장균	ND	-	ND	-	-
	분원성 대장균군	ND	-	ND	-	-
	분원성 연쇄상구균	-	ND/250mL	-	ND/250mL	ND/250mL
	녹농균	-	ND/250mL	-	ND/250mL	ND/250mL
	살모넬라	-	ND/250mL	-	ND/250mL	ND/250mL
	쉬겔라	-	ND/250mL	-	ND/250mL	ND/250mL
	아황산환원 혐기성포자형성균	-	ND/50mL	-	ND/50mL	ND/50mL
	여시니아균(/2000ml)	-	-	ND	-	-이하로 표시됨

6) MAC(최대허용량)권장사항 : 수자원상태, 경제수준과 정수처리기술 등 종합적인 규제대상물질의 종류나 허용한도를 먹는물 관리법 기준으로 권장.

구분	항목	수돗물	먹는샘물 (제품)	먹는물 공동시설	먹는 해양심층수	먹는 염 지하수(제품)
건강상 유해영향 무기물질	납	0.01	0.01	0.01	0.01	0.01
	불소	1.5	2.0	1.5	1.5	2.0
	비소	0.01	0.01	0.01	0.01	0.01
	셀레늄	0.01	0.01	0.01	0.01	0.01
	수은	0.001	0.001	0.001	0.001	0.001
	시안	0.01	0.01	0.01	0.01	0.01
	크롬	0.05	0.05	0.05	0.05	0.05
	암모니아성 질소	0.5	0.5	0.5	0.5	0.5
	질산성 질소	10	10	10	10	10
	카드뮴	0.005	0.005	0.005	0.005	0.005
	붕소	1.0	1.0	1.0	1.0	1.0
	브롬산염	-	0.01	-	0.01	0.01
	스트론튬	-	-	-	4	4
	우라늄	-	0.03	0.03	-	0.03
건강상 유해영향 유기물질	페놀	0.005	0.005	0.005	0.005	0.005
	다이아지논	0.02	0.02	0.02	0.02	0.02
	파라티온	0.06	0.06	0.06	0.06	0.06
	페니트로티온	0.04	0.04	0.04	0.04	0.04
	카바릴	0.07	0.07	0.07	0.07	0.07
	1,1,1-트리클로로에탄	0.1	0.1	0.1	0.1	0.1
	테트라클로로에틸렌	0.01	0.01	0.01	0.01	0.01
	트리클로로에틸렌	0.03	0.03	0.03	0.03	0.03
	디클로로메탄	0.02	0.02	0.02	0.02	0.02
	벤젠	0.01	0.01	0.01	0.01	0.01
	톨루엔	0.7	0.7	0.7	0.7	0.7
	에틸벤젠	0.3	0.3	0.3	0.3	0.3
	크실렌	0.5	0.5	0.5	0.5	0.5
	1,1-디클로로에틸렌	0.03	0.03	0.03	0.03	0.03
	사염화탄소	0.002	0.002	0.002	0.002	0.002
	1,2-디브로모-3-클로로프로판	0.003	0.003	0.003	0.003	0.003
	1,4-다이옥산	0.05	0.05	0.05	0.05	0.05

구분	항목	수돗물	먹는샘물 (제품)	먹는물 공동시설	먹는 해양심층수	먹는 염 지하수(제품)
소독제 및 소독부산물질	잔류염소(유리잔류염소)	4.0	-	-	-	-
	총트리할로메탄	0.1	-	-	-	-
	클로로포름	0.08	-	-	-	-
	브로모디클로로메탄	0.03	-	-	-	-
	디브로모클로로메탄	0.1	-	-	-	-
	클로랄하이드레이트	0.03	-	-	-	-
	디브로모아세토니트릴	0.1	-	-	-	-
	디클로로아세토니트릴	0.09	-	-	-	-
	트리클로로아세토니트릴	0.004	-	-	-	-
	할로아세틱에시드	0.1	-	-	-	-
	포름알데히드	0.5	-	-	-	-
심미적영향물질	경도	300	1000	1000	1200	1200
	과망간산칼륨 소비량	10	10	10	10	10
	냄새(소독외의 냄새)	ND	ND	ND	ND	ND
	맛(소독외의 맛)	ND			ND	ND
	동	1	1	1	1	1
	색도	5	5	5	5	5
	세제(음이온계면활성제)	0.5	ND	0.5	ND	ND
	수소이온 농도	5.8-8.5	4.5-9.5	4.5-9.5	5.8-8.5	5.8-8.5
심미적영향물질	아연	3	3	3	3	3
	염소이온	250	250	250	250	250
	증발잔류물	500			500	500
	철	0.3	0.3	0.3	0.3	0.3
	망간	0.05	0.3	0.3	0.3	0.3
	탁도(NTU)	0.5	1	1	1	1
	황산이온	200	250	250	200	200
	알루미늄	0.2	0.2	0.2	0.2	0.2

2) 국외 먹는물 수질기준

① 세계보건기구(World Health Organization)는 1996년 수질 평가시 물속의 오염물질과 잠재적인 위험성이 있는 물질 등 총 121개 항목을 권장치(Criteria)로 규정

② USEPA(United State Environmental Protection Agency)은 1974년 먹는물 수질기준을 1, 2차로 구분하여 안전한 먹는물법(SDWA)[7]을 제정

- 1차 먹는물 수질기준(NPDWR)[8] : 유해성이 확인된 물질에 대한 최대허용기준 설정
- 2차 먹는물 기준(NSDWR)[9]은 공공복지와 심미적인 판단기준의 권장치(Criteria)를 최대허용기준치 13개 항목으로 설정

③ 일본은 먹는물 기준을 위해성을 주는 물질 기준으로 56개 항목 설정

[표 5-12] 세계 각국의 먹는물 기준항목

국가	한국	독일	일본	영국	프랑스	WHO	미국
항목수	58	49	56	63	52	96	87

3) 정수처리기술

음용수로 사용하는 상수원은 하천수, 지하수, 빗물, 저수지, 호소수 등의 다양한 원수를 취수하여 "먹는물 수질기준"에 적합하게 처리한 후 수돗물 공급관로 및 급수시설 등으로 각 가정, 학교, 병원, 공장 및 빌딩 등에 안전한 수돗물을 공급한다.

〈정수처리기술공정〉

① 착수정 : 원수취수 후 이물질 침전처리

② 약품저장 및 투입조 : 원수에 함유된 부유물질과 미세 콜로이드성 물질을 제거

7) SDWA(Safe Drinking Water Act) : EPA의 안전한 먹는물법

8) NPDWR(National primary drinking water regulation) 1차 먹는물 수질기준

9) NSDWR(National Secandary Drinking Water Regulation) 2차 먹는 물 수질기준

③ 혼화지 : 약품조에 응집제 투입 후 균질화

④ 응집지 : 전기화학적으로 비침전성 입자들을 응집침전 처리

⑤ 침전지 : 물속의 모든 현탁 물질들은 침전 제거

⑥ 여과지 : 침전지에서 상등액을 여과하는 공정(모래와 자갈층을 여재로 사용)

⑦ 소독 : 여과된 물을 안전한 먹는물로 염소소독(발암성 염소화합물 생성 가능성)

⑧ 정수지 : 정수처리된 물을 최종적으로 공급하는 장소

⑨ 고도정수처리시설 : 양질의 물 공급을 위한 추가 정수공정(오존반응조, 활성탄 여과지, 막분리 공정을 추가하여 처리함)

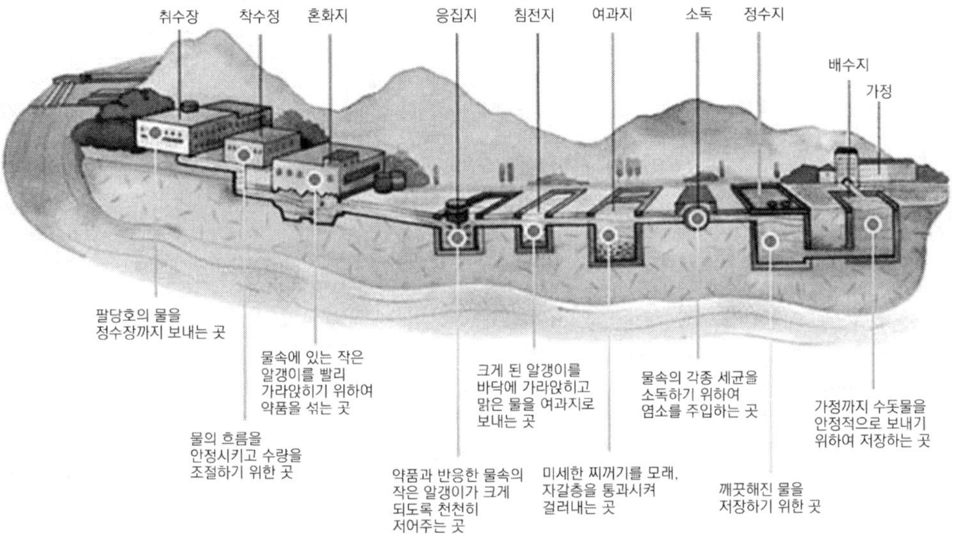

〈그림 5-7〉 정수처리 공정

chapter 06 토양 및 지하수

6.1 토양의 정의 및 성질

1) 토양의 정의

토양은 수분과 양분을 공급받는 식물과 농작물 재배지와의 관계에서는 생태적 측면을 가지며, 토지로서 농업지역, 공업지역 혹은 거주지역 등의 토사붕괴 및 지반침하 방지, 침식억제 등에 이용되는 물질적인 측면과, 수자원 함양 및 홍수 예방, 오염물질의 정화, 지표의 온도·습도 유지, 토양 생물종 보호 등의 다양한 환경적 측면의 기능을 갖고 있다.

2) 토양의 조성 및 성질

(1) 토양의 조성[1)]

지구표면의 지각과 암석이 풍화되어 생성된 자갈, 모래, 소석, 점토 등의 무기물과 미생물체를 포함한 유기물과 같은 부드러운 물질들이 고형입자들 공극 사이에 있는 공기와 수분으로 구성되어 있다.

① 토양의 입자

- 모래 : 직경 0.05~2mm

1) 토양의 성상 : 고체상, 액체상, 기체 3상태로 분류되며, 3성상의 복합체이다. 이 구성 비율은 토양의 상태에 따라 변화하며, 육지토양은 식물생장에 유리한 3상의 비율은 고체상 50%, 액체상 25%, 기체상 25% 정도이다. 고체상50% 중 무기물 45%, 유기물이 5% 정도로 구성되어있다.

- 실트질(silt) : 직경 0.002~0.05mm
- 점토 : 직경 0.002mm 이하

[표 6-1] 토양의 화학적 조성

성분	규산 (SiO_2)	알루미나 (Al_2O_3)	산화철 (Fe_2O_3)	석회 (CaO)	고토 (MgO)	소다 (Na_2O)	산화칼륨 (K_2O)	기타
조성비%	69	11	11	2	1	2	1	3

(2) 토양의 성질

토양 속에 생존하는 토양미생물에 의해 산소가 결핍되거나 이산화탄소를 10% 정도 함유하며, 토양입자가 미립자일수록 흡착력이 강하며, 냄새를 흡착하여 제거하는 효과도 있다.

① 토양은 철분 등 산화되기 쉬운 성분을 함유한다.

② 토양 내 존재하는 각종 미생물의 수는 토양 1g중에 약 10만 개 이상이다. 따라서 비옥한 토양이란 미생물의 개체수가 많은 토양이다.

③ 미생물들은 토양생태계에서 양분을 공급하는 분해자의 역할을 한다.

④ 토양은 낙엽, 동물의 사체나 배설물 등을 토양미생물이 분해하여 생물의 생육에 좋은 유기물로 양질의 영양분을 공급하는 역할을 한다.

6.2 토양 및 지하수오염의 발생원인

토양 및 지하수오염 물질

- 인위적으로 오염물질을 주입하거나,
- 화학비료나 살충제, 제초제 같은 농약 등의 오염물질로 구분된다.
- 토양오염과 연관된 경우 또는 지하수 채취 관정에 오염물질의 직접적인 주입이 원인이 된다.

〈토양 및 지하수 오염의 피해와 복원 특성은 다음과 같다〉

- 간접적인 피해 : 토양미생물의 오염과 지하수 오염이 인체에 미치는 영향
- 만성적인 피해 : 장기간 지속적으로 누적되어 인체에 미치는 영향이며, 만성적 피해는 급성피해보다 매우 위험하며, 회복이 어렵다.

∴ 장기적으로 오염된 토양의 복원은 경제적인 고비용과 장기적인 시간을 요한다.

1) 토양 및 지하수 오염물질의 종류

(1) 농약

농토에 살포된 과다한 농약은 토양오염과 지하수오염을 유발한다.
특히 난분해성 농약류는 토양에 잔류하는 기간이 길어지며, Foodchain을 통한 농축으로 동・식물과 인체에 심각한 영향을 준다.

(2) 비료

농약과 함께 비료사용량이 매우 높으며, 2000년대 이후 사용량이 소폭 감소하는 추세이다. 특히 KCl, K_2SO_4 등의 산성비료는 비료성분인 NH_4^+, K 성분은 토양과 식물에 흡수되나, SO_4^{2-} 성분은 토양을 산성화시킨다.

(3) 유류 저장시설

토양오염과 지하수 오염에 가장 유력한 시설이다. 즉, 유류 비축기지, 정유공장, 원유제품 저장시설, 주유소 및 송유관 등의 시설에서 유류 유출시 벤젠, 에틸 벤젠, 자일렌, 톨루엔 등의 방향족 탄화수소류 화합물(BTEX)로 인해 지하수까지 오염되기도 한다.

(4) 폐광산

금속광산에 포함된 다량의 중금속 물질과 제련과정에서의 화학물질과 갱구에서 유출되는 갱내수 등은 심각한 토양과 주변 농경지의 오염원인 물질이다.

(5) 핵 폐기물

불안정한 원소의 원자핵이 붕괴하면서 α, β, γ 등의 방사선을 방출하는 것이 방사능(radioactivity)이며, 이런 물질을 방사성 물질이라 한다. 원자력 관련 시설에서 발생하는 Cs, Co, Sr, I 등의 방사능 물질이 환경으로 유출될 수 있다.

(6) 기타

미처리로 유출되는 산업폐수, 각종 산업시설에서 유출된 화학오염물질, 군부대 주둔지역의 화약 및 탄피 잔류물질 등이 토양과 지하수를 오염시킬 수 있다.

2) 토양 및 지하수 오염 기준

(1) 토양오염물질은 「토양환경보전법」[2]에서 규정한 구리, 비소, 수은, 카드늄, 유류, 유기용제 등 21개 물질이다. 사람의 건강 및 재산, 동·식물의 생육에 지장을 초래할 우려가 있는 정도의 기준이다.

(2) 지하수 수질기준[3]은 지하수 개발 및 이용시에 수질기준의 적합여부 판정을 위해 지하수 수질검사를 받아야 한다.

6.3 토양 및 지하수오염의 방지대책

토양 및 지하수오염을 사전 예방하기 위해서는 오염 우려가 큰 시설을 별도로 관리하는 것이 효율적이다. 「토양 및 지하수환경보전법」에서는 토양오염이나 지하수 오염 가능성이 특히 큰 시설을 '특정 토양오염 관리대상 시설'로 지정하고 있다.

---

2) 토양오염물질 : 환경관련법령에서 규정한 모든 오염물질이 대상이라 할 수 있으나, 토양환경보전법에서는 특히 토양에서 분해되지 않고 장기간 잔류하는 물질로 농작물의 생육을 저해하거나, 지하수를 오염작용으로 사람의 건강에 악영향을 미치는 물질을 말한다.

3) 지하수 : 환경부, 지하수의 수질보전 등에 관한 규칙

〈위험물안전관리법에 의한 대상〉

- 2만L 이상의 석유류 제조 및 저장시설
- 유해화학물질관리법에 의한 유독물 제조 및 저장시설
- 송유관 안전관리법에 의한 송유관 시설
- 기타 환경부장관이 고시한 시설로서 설치 전에 신고해야 한다.

Middle Course 수시평가 (　　점)중간고사 전

학과	학번	성명	환경학과 교양과목 인간과 환경

영상수업 I . 브라질의 쿠리티바 영상수업

Quize (5Q)

A.

1. 우리나라가 MB 정부시절 브라질 쿠리티바에 연수가서 벤치마킹한 도시환경 정책은 ?

2. 한국의 폐기물 종량제 봉투 유료화 정책과 유사한 쿠리티바의 폐기물 감량 정책은?

3. 폐기물정책시 함께 사용한 농산물 정책은?

4. 브라질이 대한민국보다 우수한 환경분야는?

5. 브라질의 대기오염을 저감한 연료와 그 연료를 제조하는 농산물명은?

B. 본인 전공(체육 또는 예능 & 기타)에 인간과 환경 과목이 어떤 도움이 될 것 같은가?

chapter 07 에너지의 개념과 자원

7.1 에너지의 개념 및 자원의 분류

1) 에너지의 개념

(1) 에너지의 정의

에너지란 물체가 물리적으로 일을 하게 하는 힘을 의미하며, 그 힘은 어떤 변화를 유발시킬 수 있으며 일을 하면 에너지가 증가하고, 에너지가 일로 바뀔 수 있는 밀접한 관계를 의미한다.

(2) 에너지의 개념

열역학에서 에너지의 기본법칙은 에너지를 소비하여 나타나는 일의 양을 에너지의 크기라 한다. 어떤 물체에 힘을 작용시켜 그 물체가 일정거리만큼 이동하였을 때 일의 양을 말하며, 힘(F)과 이동거리(S)의 곱으로 나타내며, 기본 단위로 J(Joule)을 사용한다.

"모든 에너지는 그에 상당하는 질량을 가진다"는 소위 질량-에너지 등가 관계는 다음 예와 같다.

예) $E = MC^2$ (여기서 E : 에너지, M : 질량, C : 빛의 속도)

2) 에너지의 분류

(1) 에너지 자원의 분류

에너지 자원은 에너지로 활용이 가능한 자원을 말하며, 운동에너지, 열에너지, 빛에너지로 사용 가능한 화석연료, 핵분열 및 수력에너지와 태양, 풍력, 조력, 지열에너지 등의 대체 에너지원[1]을 말한다. 에너지원의 분류는 표와 같다.

[표 7-1] 에너지 자원의 분류

주요 에너지원	에너지 분류	자원 구분
석탄, 석유, 천연가스	화석에너지	비금속광물 자원
우라늄, 토륨	핵분열에너지	금속광물 자원
태양열, 풍력, 수력, 지열, 폐기물, 생물체(바이오), 수소, 원자력	대체에너지, 핵융합에너지	비광물자원/재생가능자원

① 에너지 흐름에 따른 분류 : 에너지를 자원으로 이용하여 최종 소비까지 분류하면, 1차에너지와 2차 에너지로 분류된다.

- 1차(Primary) 에너지 : 오랫동안 자연의 변화에 따라 형성된 자연 상태 그대로 공급되는 에너지 즉, 석탄, 석유, 천연가스와 같은 화석연료[2], 수력, 원자력, 태양열, 지열 등을 말한다.
- 2차(Secondary) 에너지 : 1차 에너지를 전환하여 생산되는 에너지로서 최종소비분야에 적정한 형태로 사용된다. 우리가 실생활에서 사용하는 전력 및 가스, 석유화학 제품[3] 등이 여기에 속한다.

② 에너지 본질에 따른 분류 : 내부 에너지, 외부 에너지, 열 에너지, 기계 에너지, 화학 에너지, 핵 에너지로 구분되며, 에너지 형태는 서로 변환되면서 생활에

1) 대체에너지의 좁은 의미는 신재생에너지라 하고, 넓은 의미로는 석유를 제외한 모든 에너지를 나타낸다. 여기서는 전자를 의미하여 사용하였다.

2) 고대지구의 생물화학적 변화로 생성된 석탄, 천연가스, 원유 등을 화석연료(Fossil fuel)라 한다.

3) 실제 사용하는 에너지를 최종에너지라고 한다. 이때 최종에너지의 값은 2차 에너지에서 전송전선 손실분 같은 운송과정에서의 손실분을 뺀 값이다.

필요한 전기 · 기계적 에너지 또는 열 에너지를 공급한다.

③ 에너지 소모특성에 따른 분류 : 에너지를 사용한 후 완전한 소모여부에 따라 고갈성 에너지와 재생에너지(Renewable Energy)로 구분한다.

- 고갈성 에너지 : 화석연료, 핵연료 등은 한번 사용 후 완전히 고갈되는 에너지
- 재생에너지(Renewable Energy) : 태양광 및 태양열, 풍력, 조력, 해양, 지열 에너지와 같이 계속 사용해도 자연적으로 재생되는 에너지

(2) 대체에너지

석유자원의 대체에너지 즉, 원자력, 석탄, 태양열, 풍력, 파력, 지열 조력발전 등의 에너지를 말한다.

① 환경오염 무배출 에너지 : 태양열, 태양광, 지열(화산, 온천지대 증기를 Heat Pump로 냉난방에 이용, 풍력, 파력, 조력, 소수력 등) → Green Energy

② 생물체를 에너지화 → Biogas energy(CH_4 가스)

③ 우리나라 대체에너지 개발 촉진법에 따른 기술 수준 : 태양열 50%, 태양광 75%, 바이오에너지 및 폐기물에너지 70%, 석탄이용기술, 소수력, 풍력 50%, 수소에너지 35%, 연료전지 50%, 조력 등 10개 부문

④ 에너지의 문제점 : 현대 사회는 세계인류가 소비하는 에너지량이 급증하면서 발생하는 환경오염 문제가 심각하다.

재생에너지는 환경문제와 안전성을 극복 해야하며 에너지 종류별 특징은 [표 7-2]와 같다.

[표 7-2] 에너지원의 종류 및 특징

구분	종류	특징	
		장점	단점
기존 에너지원	석유	• 액체로서 취급용이 • 고발열량(10,000[kcal/kg]) • 연소조정 편리	• 심한 지역적 편재 • 부존량이 가장 적음 • 지구온난화 및 대기오염 유발
	석탄	• 부존량이 가장 풍부 • 편재성이 석유보다 작음 • 가격이 가장 저렴	• 취급 불편 • 심각한 대기오염물질 배출 • 온실가스 배출
	가스	• 불순물이 거의 없음 • 연소장치 간단 • 석유와 유사한 특징	• 기체로서 저장과 수송의 제한 • 거액의 투자(LNG) • 비교적 고가(LNG 및 LPG)
	우라늄	• 풍부한 자원 • 비축 및 수송의 편리	• 주로 발전용에만 이용 • 안전상 문제(방사능물질)
재생 에너지원	수력	• 발전원가 저렴, 무공해	• 지역적, 시기적 편재
	태양열	• 에너지원이 무한정, 무공해	• 고가
	지열	• 인근에 에너지원 존재, 무공해	• 고온 지열지대의 지역적 편재
	풍력	• 에너지원이 풍부 • 무공해(소음공해 가능)	• 고가
	바이오	• 무공해	• 고가
	해양	• 풍부한 에너지원, 공해성 적음	• 해양생태계 훼손 우려, 고가

에너지 자원의 확보 문제와 에너지 사용량 증가로 인한 심각한 환경오염 문제는 화석연료의 연소과정에서 발생하는 이산화탄소(CO_2), 일산화탄소(CO), 황산화물(SOx), 질소산화물(NOx) 등의 각종 대기오염물질로 인한 산성비, 지구온난화에 의한 기후변화 등으로 인간의 건강과 환경 생태계에 큰 영향을 미치고 있다.

7.2 국내 및 세계 에너지 이용현황

1) 우리나라 에너지 이용현황

(1) 1차 에너지 소비량

우리나라의 1차 에너지 이용량은 2018년에 294.7(백만) TOE에 달한다. 연평균 증가율은 1990년대 7% 높은 성장세를 유지하다가 2000년대 이후 3~4%대로 감소하였으나, 지속적으로 증가하고 있다.

2016년도의 1차 에너지원별 소비구조를 보면 석유가 40.1%로 가장 높은 점유율을 보이고 있고, 석탄 27.8%, LNG 15.4%, 원자력 11.6% 순으로 나타났다. 석유의 존도가 1990년 53.8%에서 2016년 40.1%로 지속적으로 하락하는 것은 발전용 에너지원 중에서 LNG, 원자력에너지의 비중이 증가했기 때문이다.

7.3 신재생에너지

1) 신재생에너지 정의

신에너지와 재생가능에너지의 합성 용어이며, "기존의 화석연료를 변환시켜 이용하거나 태양광, 물, 강수, 지열, 풍력, 생물유기체 등의 재생 가능한 에너지로 변환시켜 이용하는 에너지"로 국내법규[4]에서 정의하고 있다.

(1) 신재생에너지의 필요성

지금까지 주 에너지원으로 사용해온 화석 연료 사용 후 배출되는 오염물질로 인한 지구 온난화 현상은 가시적으로 심각한 기후변화 현상을 나타내고 있다. 따라서

4) 신에너지 및 재생에너지 개발이용보급 촉진법

• 화석연료 사용량을 줄이거나 신재생 에너지 등으로 대체하지 않으면 기후변화로 인한 큰 환경 재난을 계속 겪게 될 것이다.
• 지금까지의 신재생에너지는 경제성이 낮고 초기 투자비용이 큰 단점에도 불구하고 선진국들은 과감한 보급정책을 추진하여 실행하고 있다.
• 특히 우리나라는 대부분의 에너지 자원을 수입에 의존하고 있으며, 높은 인구밀도 때문에 면적당 환경부하가 매우 크므로 신재생에너지 개발 · 보급이 꼭 필요하다.

(2) 신재생에너지의 분류

• 1차 에너지원 : 태양에너지, 풍력, 소수력, 바이오매스, 지열, 해양에너지 등과 같은 자연 에너지 즉, 재생에너지(Renewable Energy)라고도 한다.
• 신에너지 : 기존의 석탄을 가스화, 액화하여 새로운 이용기술, 연료전지, 고효율 전동기, 열에너지 저장, 전력 저장 등과 같은 에너지 이용의 합리화 기술과 수소에너지기술에 포함되며, 수소, 연료전지, 석탄액화가스 3종이 속한다.
• 재생에너지 : 태양열, 태양광, 바이오에너지, 풍력, 수력, 지열, 해양, 폐기물 등 8종을 규정하고 있다.

(3) 신재생에너지의 특징

① 영속성 : 지속적으로 재생되므로 고갈되지 않는 영속성을 가진다.
② 환경성 : 대기오염물질과 지구온난화를 유발하는 CO_2의 배출량이 현저히 적다.
③ 공공성 : 인류의 생존을 위해서 친환경적인 에너지를 필수적으로 확보해야 한다.
④ 기술성 : 기존의 에너지원의 확보기술에서 시대적, 현실적 고도의 기술이 요구된다.

신재생에너지의 개발 및 적용 기술에서 요구되는 특징은
첫째, 시장성이 확보될 때까지 장기간이 필요하다.
둘째, 기술적용의 불확실성은 높으나 향후 어떤 기술이 시장을 주도할지 불명확하여 기술 경합성이 높다.

셋째, 대부분 투자 위험도가 높은 고위험, 고수익 창출형 기술이며, 주도적인 기술의 확보까지 상당기간이 소요된다.

넷째, 정책 의존성이 높아 신재생에너지 기술을 실용화하기까지 정부의 지원정책에 큰 영향을 받는다.

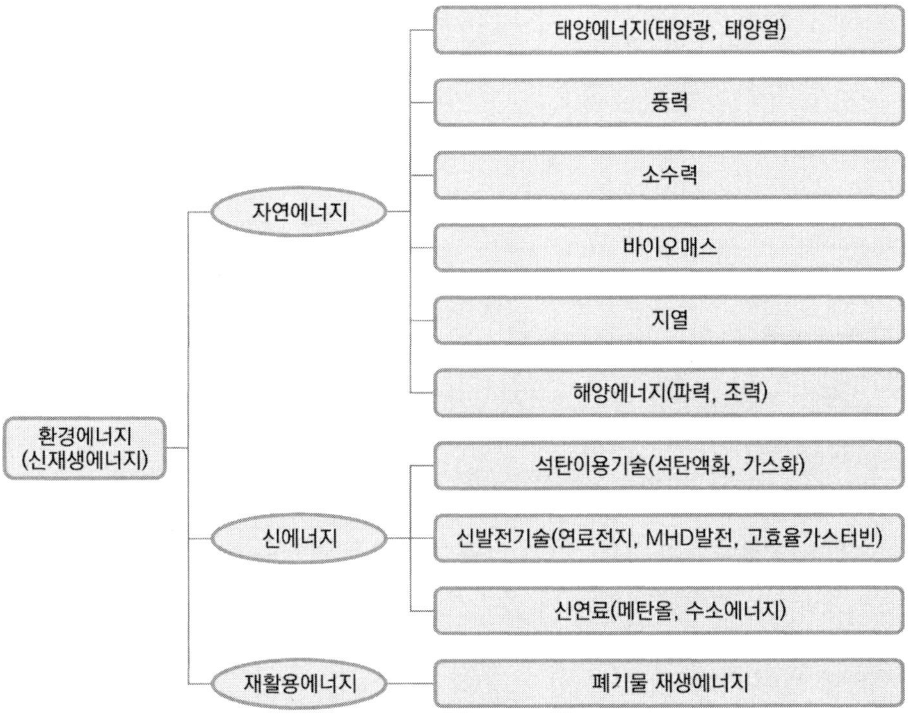

〈그림 7-1〉 환경에너지 분류

[표 7-3] 화석연료와 대체에너지로 생산된 에너지 1 kWh당 CO_2 배출량

구분		1 kWh당 CO_2 배출량(단위 : g CO_2/kWh)
기존에너지	석탄화력발전	975.2
	석유화력발전	742.1
	LNG화력발전	607.6
	LNG	518.8
	원자력	28.4
신재생에너지	태양광	53.4
	풍력	29.5
	지열	15.0
	수력	11.3

2) 신재생에너지의 원리와 특징

(1) 태양광발전

태양광(Photovoltaic)발전[5]은 무공해, 무한정의 태양빛 에너지를 즉, 반도체, 염료, 고분자 물질 등으로 이루어진 태양전지를 이용하여 태양빛을 직접 전기에너지로 전환하는 기술 및 전기발전시스템의 통합기술이다.

〈태양광 발전시스템의 장단점〉

• 장점 첫째, 에너지원이 청정하고 고갈되지 않는다.
  둘째, 에너지가 필요한 장소 어디에서나 발전이 가능하다.
  셋째, 유지보수가 용이하고 무인화가 가능하다.
  넷째, 설비의 내구성이 뛰어나다(20년 이상).

• 단점 첫째, 각 지역별로 일사량에 의존하여 전력 생산량의 차이가 크다.
  둘째, 에너지밀도는 낮고 설치면적은 넓게 요구된다.
  셋째, 시스템의 초기 설치비용이 높아 결국 발전단가가 비싸지는 약점을 지닌다.

5) 태양빛을 받아 광전효과에 의해 전기를 발생시켜 태양전지를 이용하는 발전방식

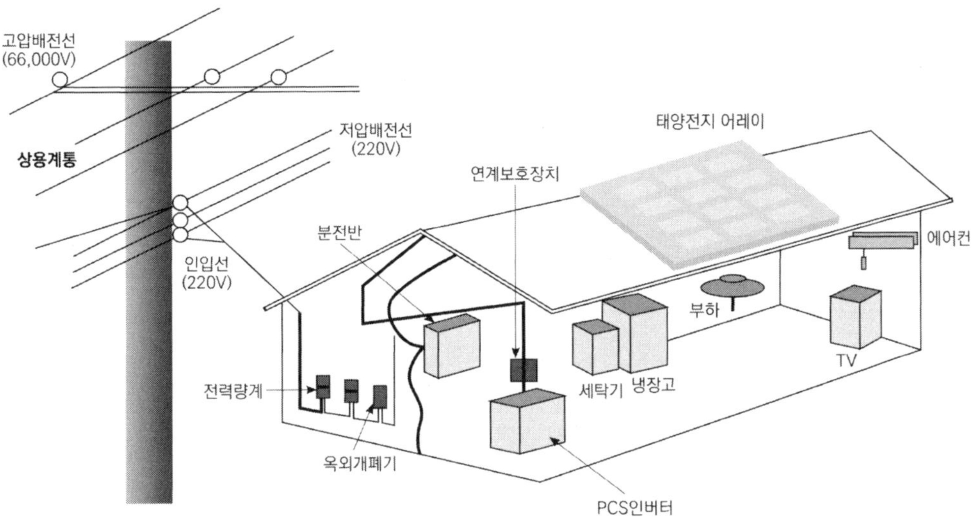

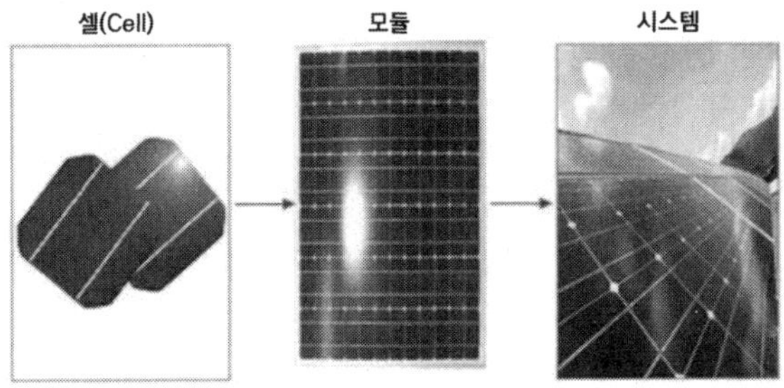

〈태양광 발전시스템 구성〉

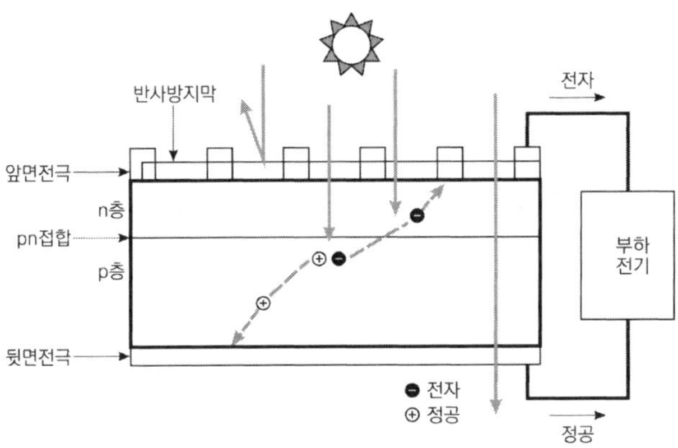

〈태양전지의 기본 구조 및 작동원리〉

〈그림 7-2〉 **태양광발전 시스템 구성도**

(자료 : 에너지관리공단 신재생에너지센터)

(2) 태양열 에너지

태양의 복사에너지를 흡수하여 열에너지로 전환한 후 저장하여 필요할 때마다 사용하는 방법이다. 이용 추세는 주택의 난방과 급탕 시스템, 온수기, 농・수산물 건조기, 저가집열기 등으로 개발되어 사용해왔다.

[표 7-4] 태양열 시스템의 분류

<table>
<tr><th rowspan="2">구분</th><th>자연형(Passsive)</th><th colspan="3">설비형(Active)</th></tr>
<tr><th colspan="2">저온용</th><th>중온용</th><th>고온용</th></tr>
<tr><td>온도</td><td>60℃</td><td>100℃ 이하</td><td>300℃이하</td><td>300℃이상</td></tr>
<tr><td>집열부</td><td>자연형 시스템
공기식 집열기</td><td>평판형 집열기</td><td>PTC형 집열기
CPC형 집열기
진공관형 집열기</td><td>Dish형 집열기
Power Tower
태양로</td></tr>
<tr><td>축열부</td><td>Tromb Wall(자갈, 현열)</td><td>저온축열(현열, 잠열)</td><td>중온축열(잠열, 화학)</td><td>고온축열(화학)</td></tr>
<tr><td>이용
분야</td><td>건물공간 난방</td><td>냉난방, 급탕,
농수산물 건조</td><td>건물, 농수산분야
산업공정 열공급
담수화</td><td>산업공정 열공급,
열발전, 우주용,
광촉매 폐수처리</td></tr>
</table>

(3) 풍력에너지

지상에서 바람의 회전력으로 전환된 유도전기를 활용하는 풍력발전이며 지역에 따라 약 20~40% 정도의 전기에너지를 이용하고 있다. 2017년 누적시설 용량은 1,143MW로 매년 증가하고 있다.

(4) 연료전지

연료전지는 연료의 산화반응으로 발생하는 화학에너지를 전기에너지로 직접 변환시키는 전지를 전기로 이용하는 일종의 발전장치이다.

(5) 수소에너지 기술

화석연료, 유기물, 물 등의 화합물질에 존재하는 수소를 분해하여 다시 물로 재순환하는 기술이다. 화석연료 자원이 빈약한 국가에 적합하며, 자원 고갈의 우려가 없는 신재생 에너지원 중의 하나이다.

(6) 바이오에너지

바이오에너지는 유기성 생물체를 칭하며, 바이오매스[6]를 직접 이용하거나 생화학적, 물리적 변환과정을 통해 액체, 기체, 고체 등을 연료나 전기·열에너지 형태로 이용하는 것을 말한다. 현재 이용되는 주 바이오매스의 종류는

① 전분질계의 자원 : 곡물과 감자류 등
② 셀룰로오스계의 자원 : 목초, 볏짚, 톱밥, 왕겨 및 농수산물 등
③ 당질계의 자원 : 사탕수수, 사탕무우 등
④ 단백질계의 자원 : 가축 분뇨, 사체와 미생물의 균체 등 다양한 성상 등
⑤ 유기성 폐자원 : 이들 자원으로부터 파생되는 폐지, 음식찌꺼기 등의 폐자원 등

이러한 바이오매스를 이용한 에너지의 재생산은 환경오염 및 온실가스 저감 효과와 함께 생산에너지의 형태를 연료, 전력, 천연화합물, 화학원료 등으로 다양하게 이용할 수 있는 장점이 있다.

[표 7-5] 바이오에너지 기술의 종류

대분류	중분류	기술 내용
바이오 액체연료 생산기술	바이오에탄올 생산기술	당질계, 전분질계, 목질계 이용기술
	바이오디젤 생산기술	바이오디젤 전환 및 엔진 적용기술
	바이오매스 액화기술(열적전환)	바이오매스 액화, 연소, 엔진 이용기술
바이오매스 가스화기술	혐기소화에 의한 메탄가스화 기술	유기성 폐수의 메탄가스화 기술 및 매립지가스 이용기술(Biogas)
	바이오매스 가스화기술(열적전환)	바이오매스 열분해, 가스화 및 전기 생산기술
	바이오 수소 생산기술	생물학적 바이오수소 생산기술
바이오매스 생산·가공기술	에너지 작물 기술	에너지작물 재배, 육종 및 운반·가공 기술
	생물학적 CO_2 고정화 기술	바이오매스 재배, 산림녹화, 미세조류 배양기술
	바이오 고형연료 생산 및 이용기술	바이오 고형연료 생산 및 이용기술(펠렛, 우드칩, SRF(폐기물고형연료) 등)

6) 태양에너지를 받고 생존하는 광합성 식물, 생물(미생물 등) 및 균체류 등이 먹이사슬로 연결된 생물 유기체.

(7) 폐자원에너지

폐기물에서 고체연료, 액체연료, 가스연료 및 폐열 등을 생산하여, 이를 에너지로 이용하는 것을 재생에너지라 한다. 유기성 폐자원에서 가스를 생산하는 것이 폐자원 에너지화 기술이다. 이는 4가지 기술로 구별된다.

① 폐기물 고형연료(SRF)[7]화 제조기술

② 열분해에 의한 오일화 기술

③ 가스화에 의한 가연성가스 제조기술

④ 소각에 의한 열 회수 기술 등으로 구분된다. 특히 가스화 제조기술은 유기성 폐자원인 음식물 쓰레기, 하수 슬러지, 축산분뇨 등을 이용하여 메탄가스(바이오가스)를 생성하는 기술을 의미하며 넓은 의미에서는 바이오매스(Biomass)라고도 한다.

[표 7-6] 폐자원 신재생에너지의 종류

종류	세부내용
폐자원 고형연료(SRF)	종이, 나무, 플라스틱 등의 가연성 폐기물을 파쇄, 분리, 건조, 성형 등의 공정을 거쳐 제조된 고체연료
폐유 정제유	자동차 폐윤활유 등의 폐유를 이온정제법, 열분해 정제법, 감압증류법 등의 공정으로 정제하여 생산된 재생유
플라스틱 열분해 연료유	플라스틱, 합성수지, 고무, 타이어 등의 고분자 폐기물을 열분해하여 생산되는 청정 연료유
폐기물 소각열	가연성 폐기물의 소각열 회수에 의한 스팀 생산 및 발전, 시멘트킬른 및 철광석소성로 등의 열원으로 이용 등

폐자원 에너지 기술은 대부분 실용화되어 2017년 국내 신재생에너지의 14,178,408[TOE] 중 8,742,726[TOE]으로 61.7%를 차지하고 있다.

7) SRF(Solid Refuse Fuel)폐기물 고형연료. RDF(Refuse Derived Fuel)로 사용하다 변경하여 사용함.

[표 7-7] 폐자원 에너지 종류별 보급현황(2017) (단위 : TOE)

종류	총계	폐가스	산업폐기물	생활폐기물	시멘트킬른 보조연료	SRF	정제 연료유
보급량	8,742,727	5,189,393	944,486	949,551	661,278	821,614	176,405

(8) 지열에너지

지열에너지는 지하수, 지하 지질층의 열, 물 등의 온도차를 히트펌프(heat pump)를 이용하여 냉・난방용 에너지로 이용하는 기술이다. 태양열 에너지의 약 47%가 지표면을 통하여 지하에 저장되며, 태양열을 흡수한 땅속의 온도는 지형에 따라 다르며, 이 지열에너지는 지표면에서부터 깊이에 따라 천부지열(shallow geothermal)의 온도인 대략 10~20℃정도와 심부지열은 40~150℃ 정도로 구분된다.

(9) 수력에너지

물은 중력에 의해 높은 곳에서 낮은 곳으로 흐른다. 그 흐름의 수로에 설치된 수차발전기의 회전으로 전기에너지를 발생시키는 것이 수력발전(hydropower generation)이다.

우리나라 수력발전기가 2017년 기준으로 총설치용량은 1,794MW이다.

(10) 해양에너지 기술

해양에너지 기술은 해안의 구조적인 특성과 해양 및 바닷물의 물리적인 성상에 따라 해양에 분포하는 다양한 요소인 파랑, 조류, 조석, 수온, 바람, 염도 등의 물리적 에너지를 전기에너지로 전환하는 기술이다. 에너지 이용방식에 따라 조력, 파력, 조류, 온도차 발전으로 나뉜다.

7.4 국내 신재생에너지 정책 및 이용 현황

1) 신재생에너지 보급현황

선진국에 비해 국내 신재생에너지 보급 비율은 다소 낮은 편이며, 정부는 2015년 4.3%, 2020년 6.1%, 2030년 11.0%로 확충한다는 계획을 잡았다. 2016년 기준으로 4.81%를 달성하여 계획대비 보급률이 증가하고 있어 향후 달성률은 더 클 것으로 예상된다. 2016년의 세계의 신재생에너지 보급 추이를 보면 〈그림 7-3〉과 같다.

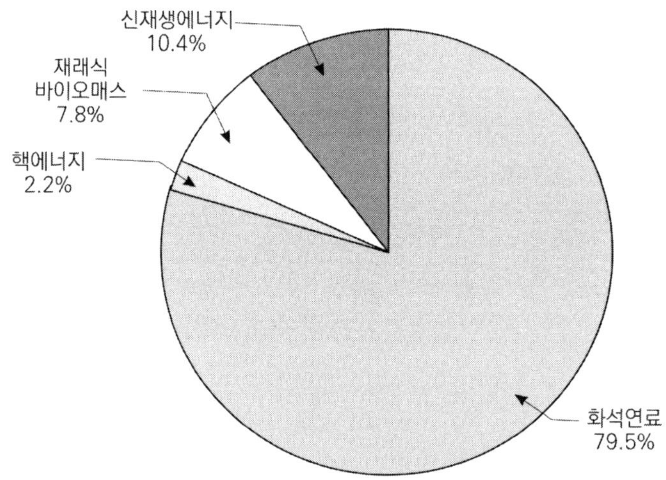

〈그림 7-3〉 **2016년 세계의 신재생에너지원 별 공급 비율**

자료 : REN 21

[표 7-7]은 최근 연도별 국내 신재생에너지 보급 현황을 나타낸 것이며, 생산량은 연평균 15% 이상 증가하고 있으나 전체 에너지 소비량도 지속적으로 증가하고 있으며, 점유비율 또한 증가세를 보이고 있다.

신재생에너지별로 보면 국내 폐기물의 비중이 전체의 약 61.7%를 점유하고 있으며 그 다음이 바이오에너지가 19.5%, 수력이 7.7%를 차지하고 있다. 최근에 급증하고 있는 태양광과 풍력의 경우 각각 7.7%와 2.5% 순위로 나타났다.

[표 7-7] 신재생에너지 보급 현황 (단위 : 천TOE)

구분		2012	2013	2014	2015	2016
합계	공급량	8850.7	9879.2	11,537.3	13,292.9	14,178.4
태양열		26.3	27.8	28.4	28.4	28.4
태양광		237.5	344.4	547.4	849.3	1,092.8
바이오		1,334.7	1,558.4	2,821.9	2,765.6	2,765.4
폐기물		5,998.5	6,502.4	6,904.7	8,436.2	8,742.7
수력		814.9	892.2	581.1	453.7	603.2
풍력		192.7	242.3	241.8	283.4	355.3
지열		65.3	86.9	108.4	135.0	162.0
수소, 연료전지		82.5	122.4	199.3	230.1	241.6
해양		98.3	102.0	103.8	104.7	104.5

2016년까지 재생에너지 공급은 연평균 2.6%씩 성장하고 있어 1차 에너지 공급의 연평균 성장률(0.4%)보다 높은 추세이며, 세계적으로 태양광은 2016대비 29% 증가하여 총 38.4%로 가장 높은 성장률을 보였으며, 태양열이 22.5%로 2위를 차지하고 있다.

[표 7-8] OECD 선진국 중 주요 16개국의 신재생에너지 보급추이

국가		2005	2010	2013	2014	2015	2016
오스트리아	공급량 (비중)	7,026 (20.9%)	9,108 (26.9%)	9,952 (29.9%)	9,603 (30.0%)	9,652 (29.4%)	10,008 (30%)
캐나다	공급량 (비중)	45,546 (16.7%)	44,008 (16.6%)	49,442 (18.3%)	49,053 (17.6%)	48,902 (18.1%)	48,708 (17.5%)
덴마크	공급량 (비중)	2,839 (15.0%)	3,919 (20.1%)	4,316 (25.2%)	4,467 (27.7%)	4,761 (29.6%)	4,956 (30.0%)
프랑스	공급량 (비중)	15,667 (5.8%)	20,796 (8.0%)	22,872 (9.0%)	21,341 (8.8%)	21,813 (8.8%)	23,038 (9.6%)
독일	공급량 (비중)	17,208 (5.1%)	27,568 (8.5%)	33,395 (10.5%)	35,404 (11.6%)	38,352 (12.5%)	39,587 (12.7%)

국가		2005	2010	2013	2014	2015	2016
이탈리아	공급량 (비중)	14,105 (7.6%)	21,864 (12.6%)	26,368 (17.0%)	26,511 (18.1%)	26,266 (17.2%)	25,853 (17.3%)
일본	공급량 (비중)	15,731 (3.0%)	18,946 (3.8%)	19,926 (4.4%)	21,268 (4.8%)	22,874 (5.3%)	20,455 (4.8%)
한국	공급량 (비중)	1,079 (0.5%)	1,812 (0.7%)	2,654 (1.0%)	3,934 (1.5%)	4,003 (1.5%)	4,861 (1.7%)
멕시코	공급량 (비중)	17,628 (9.8%)	15,148 (8.5%)	15,000 (7.8%)	15,928 (8.5%)	15,467 (8.3%)	14,475 (7.9%)
뉴질랜드	공급량 (비중)	5,348 (31.6%)	7,121 (38.7%)	7,501 (38.8%)	8,151 (39.8%)	8,366 (40.6%)	8,315 (40.5%)
노르웨이	공급량 (비중)	12,978 (48.4%)	11,676 (34.4%)	12,599 (38.6%)	13,060 (47.0%)	13,423 (45.3%)	13,970 (49.2%)
스페인	공급량 (비중)	8,397 (5.9%)	15,048 (11.8%)	17,744 (15.2%)	17,768 (15.5%)	16,617 (14.0%)	17,266 (14.5%)
스위스	공급량 (비중)	4,158 (16.0%)	4,977 (19.0%)	5,425 (20.3%)	5,286 (21.1%)	5,461 (22.3%)	5,328 (22.3%)
영국	공급량 (비중)	3,904 (1.8%)	7,277 (3.6%)	10,635 (5.6%)	12,537 (6.9%)	14,740 (8.2%)	14,577 (8.2%)
미국	공급량 (비중)	105,186 (4.5%)	125,256 (5.7%)	144,876 (6.6%)	149,517 (6.7%)	147,048 (6.7%)	152,534 (7.1%)
핀란드	공급량 (비중)	8,085 (23.5%)	9,342 (25.5%)	9,911 (29.8%)	10,299 (30.2%)	10,488 (32.3%)	10,560 (31.2%)

Report I. (점) 중간/ 기말 고사 전 제출하세요!

<table>
<tr><td>학과</td><td>학번</td><td>성명</td><td rowspan="2">교양과목
인간과 환경</td></tr>
<tr><td></td><td></td><td></td></tr>
</table>

A. 본인이 살고 있는 지역의 환경 정책이 잘된 곳 사진 6컷 (6H 원칙)

1.

2.

B. 본인이 살고 있는 지역의 환경 정책이 잘못된 곳 사진 6컷 (6H 원칙)

1.

2.

인간과 환경_강의 노트

중간고사 예상문제

Report Ⅰ.과 함께 분리하여 제출할 것

01 산업혁명 이후 지구의 위기를 가져온 3P는?(2점)

02 인간의 생활, 건강 및 생명에 유해하거나 악영향을 미치는 모든 현상은?

03 환경위생의 정의는?(2점)

04 지구에서 대기권 밖으로 방출하는 에너지는? (　　)

① 적외선　　② 자외선　　③ 방사선　　④ 장파

05 환경오염의 발생원인 4가지를 쓰시오.(5점)

06 다음 연료 중 황성분을 가장 많이 함유하는 것은? (　　)

① 중유　　② 휘발유　　③ 경유　　④ 무연탄

07 다음 중 지구온난화에 영향을 미치는 괄호 안에 들어갈 단어는? (1억 년 전 지구존재 생물) →(공룡의 먹이난에 의한 멸종) →(풀, 나무의 소멸) →(　　　　　의 증가) → 지구는 고온건조 → 사막화현상

08 성층권에 있는 오존의 중요한 역할은? (　　)

① 자외선 방출　　② 자외선 차단　　③적외선 차단　　④ 적외선 방출

09 온실가스의 감축은 어느 성분을 대상으로 하고 있는가? (　　)

① 산소　　② 질소　　③ 이산화탄소　　④ 일산화탄소

10 식물에서 초식동물로 다시 육식동물로 이어지는 먹고 먹히는 관계를 무엇이라 하는가?

11 빌딩들이 밀집한 지역에서 냉,난방 등으로 발생한 온실기체들이 도심의 한 부분 돔을 이루어 기온을 상승시키는 역할을 무엇이라 하는가?

12 환경적으로 건전하고 지속가능한 개발은 어느 것인가? (　　)

① ESSD　　② UNDP　　③ WHO　　③ CSD

13 자기가 살고 있는 동네에서 쓰레기 종량제로 사용되는 쓰레기 봉투의 가격은?

시, 군	구, 동 면 읍	용 량(L)	가 격
예) 서울시..	예) 기흥구 삼가동 ..	20L, 10개	7777원

14 (　　　　　　　　　　) - 태양 → Energy(열에너지방출) → (photosysthesis)

15 (　　　　　　　　　)- 물 → 증발 → 눈, 비로 지상으로 떨어져 재사용(한번 사용한 물을 다시 사용 → 물의 순환은 자연계에서 중요)

16 (　　　　　　　　　)

대기중의 CO_2 -------------> 식물의 세포로 합성 (　　　　　　　　　)

광합성 photosynthesis

(　　　　　　　　　) : 동물에 의해 섭취되며, 동물이나 그 배설물은 다시 다른 생물체에 의해서 흡수된 후 → 배설

17 대체 에너지의 종류는 ?

18 농약살포에 의한 생태계 변화에 따른 3R은 ?

19 가격이저렴하고 안정화된 화합물로써 세기의 최고 걸작품이며, : 냉매, 세정제, 분사 제, 반도체, 정밀부품, 반도체, 스프레이, 빌딩냉방 등에 사용한 물질은?

20 대기의 자정작용 5가지 기능을 설명하시오.(5점)

21 온실효과(Green House Effect) 에 대하여 설명하시오.(3점)

chapter 08 폐기물(=순환자원)

8.1 폐기물의 정의

1) 폐기물이란

21세기 현대사회는 국·내외적으로 국민들의 생활수준이 향상되고 신상품들의 개발에 따른 사용량이 증폭되면서 폐기물 발생량도 비례하여 증가하고 있다. 폐기물 문제를 해결하기 위하여 정부 및 공공기관을 중심으로 쓰레기 매립장, 소각장 등 처리시설을 확충해 왔으나 이러한 처리시설에서 발생하는 2차 오염문제뿐 아니라 Nimby[1] 현상으로 시설의 건설 자체가 어려운 경우도 빈번하였다.

20세기 후반부터 선진국을 중심으로 폐기물을 새로운 폐자원으로 인식하여 최대한 재생·재활용하는 자원순환형 폐기물 관리방식이 인정되어 발전해 오고 있다.

2) 폐기물의 정의

폐기물의 일반적 정의 : 필요치 않거나 못쓰게 되어 버리는 물질

* 「폐기물 법」상 정의 : 쓰레기, 소각재, 슬러지, 폐유, 폐산, 폐알칼리, 동물의 사체 등 사람의 생활이나 사업 활동에 필요치 않게 된 물질을 말한다.
* 폐기물관리정책(Recycling) : 재활용자원 3R정책
    - Reduction : 감량화
    - Reuse : 재이용
    - Resource : 재자원화

1) Nimby : Not in my back yard 우리지역엔 기피시설 설치 안된다는 지역이기주의 의미, 반대로는 Pimfy : Please in my front yard.

3) 폐기물의 분류

성상에 따른 분류(유해성 기준)

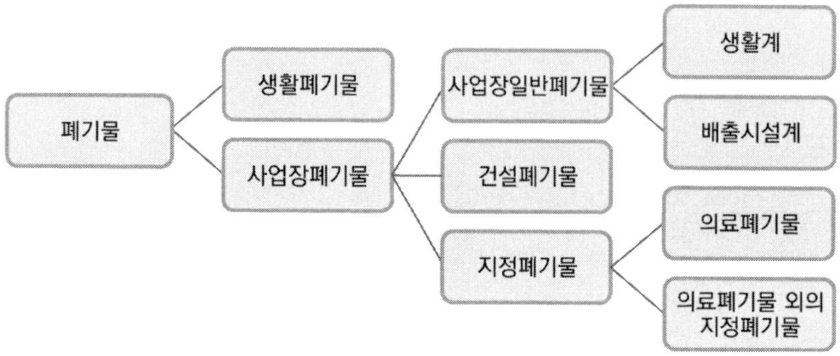

〈그림 8-1〉 **폐기물의 분류체계**

유해폐기물은 안전하게 처리되지 않거나 환경에 유출될 경우 사람의 건강과 환경에 미치는 악영향이 크기 때문에 우리나라에서도 사업장에서 발생하는 유해성이 높은 폐기물은 지정폐기물[2)]로 분류하여 보다 엄격한 처리기준을 적용하여 관리하고 있다.

[표 8-1] **지정폐기물의 종류 폐기물관리법 시행령**[2018. 5. 21., 일부개정]

대분류	중분류	대상범위
특정시설에서 발생되는 폐기물	폐합성 고분자화합물	폐합성수지,폐합성고무로서 고체상태의 것은 제외
	슬러지 류	폐수처리슬러지,공정슬러지
	폐농약	농약의 제조·판매업소에서 발생되는 것
부식성 폐기물	폐산	염산,황산,질산 등
	폐알칼리	수산화나트륨,수산화칼슘 등
유해물질 함유 폐기물	광재	고로슬래그는 제외
	분진	대기오염 방지시설에서 포집된 것(소각시설 발생된 것 제외)
	폐주물사 및 샌드블라스트 폐사, 폐내화물 및 재벌구이 전에 유약을 바른 도자기 조각, 소각재, 안정화 또는 고형화·고화처리물, 폐촉매, 폐흡착제 및 폐흡수제, 폐형광등의 파쇄물	

2)지정폐기물 : 폐기물 관리법상 특별히 지정·관리해야 할 폐기물이라는 뜻.

대분류	중분류	대상범위
폐유기용제	할로겐족 유기용제	
	그 밖의 폐유기용제(할로겐족 유기용제 이외의 것)	
폐페인트 및 폐래커	페인트 및 래커와 유기용제가 혼합된 것, 폐페인트 용기등	
폐유	기름성분을 5퍼센트 이상 함유한 것(PCBs)함유 폐기물, 폐식용유와 그 잔재물, 폐흡착제 및 폐흡수제는 제외)	
폐석면	건조고형물의 함량을 기준으로 하여 석면이 1% 이상 함유된 제품·설비 등의 해체·제거시 발생되는 것, 슬레이트 등 고형화된 석면 제품 등의 연마·절단·가공 공정에서 발생된 부스러기 및 분진, 석면의 제거작업에 사용된 바닥비닐시트,방진 마스크, 작업복 등	
PCB 함유 폐기물	액체상태와 액체상태 외의 것	
폐유독물질	유해화학물질관리법에 의한 유독물을 폐기하는 것	
의료폐기물	의료기관이나 시험·검사기관 등에서 발생되는 것	
기타	유해한 물질로서 환경부 장관이 고시한 것	

8.2 폐기물의 발생 및 처리

1) 폐기물의 발생

생활계 및 사업장 폐기물을 포함한 총 폐기물 발생량은 크게 증가하여 왔으며, 2016년도 폐기물 총 발생량은 약 415,345톤/일로 전년도 대비 2.6% 증가하였다. 발생량이 가장 큰 것은 건설폐기물 분야로 48%였으며, 그 외 폐기물은 산업발전과 생활수준 향상에 따라 사업장 배출시설계 폐기물은 39%, 생활계 폐기물은 13%로 지속적으로 증가하고 있다.

생활폐기물 발생량은 1994년 쓰레기 종량제 봉투 유료화 정책을 실시한 후 감소추세를 보이면서 약간의 증감을 반복하다가 2016년 9월부터 2017년까지 0.93kg/인/일으로 OECD국가 평균치 1.43kg/인/일보다 훨씬 밑도는 발생량을 보여주고 있다[3].

3) 자원순활정보시스템 2017년 제5차 전국폐기물 통계조사

[표 8-2] 음식물류폐기물 발생 및 처리현황

구분	2012	2013	2014	2015	2016
발생량	13,036.9	12,501.2	13,221.5	14,219.5	14,388.7(100%)
재활용	12,662	12,099.5	12,848.7	13,729.8	13,936.3(96.8%)
소각	286.4	296.0	247.7	329.8	316.9(2.2%)
매립	88.5	105.7	125.1	159.9	135.5(1%)

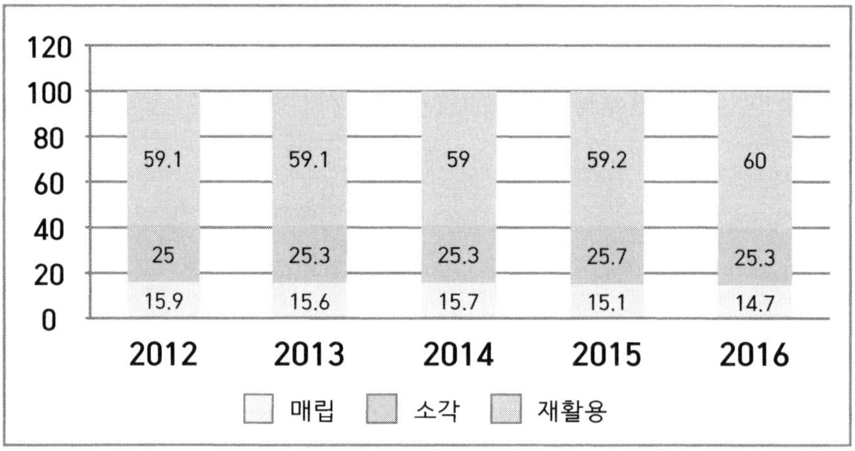

〈그림 8-2〉 생활폐기물 처리방법별 변화추이

2) 폐기물의 처분과정(재활용(Recycling), 육상매립(Landfill))

(1) Recycling : 세계적인 폐기물 처리 및 자원회수 추세

- 폐기물자원순환, 에너지 회수(Recovery) ⇒ 경제성, 효율성, 환경오염방지, 자원보호
- 폐기물관리에서 지향하는 최우선정책은 3R정책인 Recycling 정책으로서

  첫째, 감량화(Reduction) : 발생량을 최소화

  둘째, 재이용(Reuse) : 살균세척 후 재이용

  셋째, 재자원화(Resource) : 폐자원 재가공 후 상품생산

최종적으로 잔류된 폐기물은 안전하게 소각처리한다. 여기서 폐기물을 새로운 순환자원으로 인식되어 감량화와 재활용을 강조한 정책이 자원순환정책이다.

※ 재활용(Recycling) : 한국자원재생공사 → 재자원화(매립, 대기, 우주공간(미래 기술, 비용 증가) 수집 → 운반 → 매립 (파쇄 → 매립지 재이용 기간 단축)

(2) 폐기물의 중간처리 방법

① 소각(Incineration) : 위생적으로 가장 안전한 방법

- 종류 : 화격자상(현재 의정부, 목동), 유동층, 분무식, 건류 가스화 연소방식
- 소각처리 시 중간 처리방법

  수집, 운반 → 파쇄 → 소각 → 고형화 → 매립(최종처리)

② 퇴비화(Composting) : 음식물 쓰레기 처리방식에는 유익(중금속, 금속물질 등 없을 것)

주요인자 : 온도, pH, 산소공급(호기성), C/N 비

수집, 운반 → 파쇄 → 분별 → { 퇴비화(Composting) → 재생(Resource), Zero Emmission / 회수(Recovery), / 소각(Incineration) → Ash → Landfill(매립) }

③ 압축, 파쇄시설(전처리, 재활용 장치) : 취급 용이(분리나 회수에 효율적)

(3) 폐기물의 발생에서 최종 처분도

발생원(가정, 사업장) → 분리배출 → 수집(재활용센터) → 종량제 폐기물운반 → 중간처리(압축, 파쇄, 퇴비화, 소각) → 최종처분(재활용과 위생매립)

3) 폐기물의 최종 처분(육상매립 : Landfill)

(1) 매립종류

- 단순매립(Open dump) : 비위생적 매립(난지도) 후 하늘공원, 상암동구장으로 변천
- 위생매립(Sanitary landfill) : 흙으로 복토(김포매립지 최초 위생매립)
- 안전매립(Secure landfill) : 「유해폐기물 처리법」 기준

① 매립으로 인한 환경오염

- 침출수에 의한 지하수 오염
- 강우 유출에 의한 지표수 오염
- 병원균 매개체 서식(파리, 모기, 설치류)
- 악취 · 먼지 · 분해 · 유해가스, 화재 발생

② 매립지 관리 · 운영에 따른 악영향 : 전망 손상, 소음, 분진 발생, 교통체증, 매립지 바닥 및 사면 붕괴(재해영향) 홍수 범람 등

(2) 매립방법

- 지역법(Area method)
- 경사법(Ramp method)
- 도랑법(Trench method)
- 계곡 매립법(Depression method)
- 유해폐기물 매립법(고화처리)

(3) 매립지 내 가스 발생

메탄(CH_4 55%=Biogas), 이산화탄소(CO_2 45%), 질소(그 외 : 암모니아, 일산화탄소, 수소, 황화수소 등) 에너지화 하고 있음.

(4) 침출수 처리

유기물질 함량 증가 : 생물학적 처리, 인근 하수종말처리장 이송처리

8.3 폐기물 감량제도

1) **폐기물의 감량화**(Reduction)

폐기물 관리에서 가장 효율적인 것은 발생단계에서 배출량을 최소화하는 것이다. 쓰레기 감량화를 위한 방법 중 직접규제 방식과 간접규제 방식이 있다.

- 직접규제 방식

  ① 포장재와 1회용 제품 사용을 규제하는 방안

  ② 사업자에 대하여 강제적 감량목표를 부여하는 방안

  ③ 특정 유해물질 사용을 규제하는 방안 등이 있다.

- 간접규제 방식

  쓰레기 처리비용을 발생량에 비례하여 부과하는 종량제, 폐기물 처리부담금 등 경제수단을 적용하기도 한다.

(1) 쓰레기 종량제

쓰레기 종량제란 오염물질 배출자 부담원칙을 적용한 것으로 "쓰레기를 버린 만큼 처리비용을 지불한다."는 제도이다.

- 쓰레기 배출방법은 지방자치단체가 제작 및 판매하는 규격봉투에 생활폐기물을 담아 배출하도록 하고 재활용품(종이류, 캔과 고철류, 플라스틱류, 병류, 비닐 등)은 수거 해가는 체계이다.
- 폐가전제품 등의 대형폐기물과 유해성 폐기물 및 건전지 종류는 EPR(Extended Producer Responsibility : 확대 생산자 책임재활용)[4] 제도를 이용하며, [표 8-3]은 EPR 제도 대상 품목이다.

(2) 음식물류 쓰레기 종량제

음식물쓰레기 과다배출로 인한 사회・경제적 비용이 증가하고 에너지 낭비와 기후변화에 악영향을 미친다. 따라서 발생 후 처리 보다 사전발생 억제정책으로 전환하고 있다.

(3) 사업장 폐기물 감량화제도

발생된 폐기물은 공정개선, 원료 변경 등의 방법으로 전환 → 폐기물 발생을 사전

4) EPR(생산자책임재활용확대)제도 : 생산자가 제조한 제품의 폐기까지 책임지며 수거해 가야 하는 제도

예방 → 최종폐기물 발생량도 전년대비 6.8% 정도 감소를 실현하였다.

(4) 1회용품 사용 규제

1회용 컵, 봉투, 쇼핑백 등 1회용품 사용업종을 대상으로 규제

① 빈용기 보증금제도

② 분리배출 표시제도(종이, 종이팩, 유리병, 금속캔, 플라스틱류 등)

[표 8-3] 생산자책임재활용확대 제도 대상품목

구분		EPR대상 제품 · 포장재
제품	전지류	수은,산화은,니켈 · 카드뮴,리튬1차,망간전지 · 알칼리망간,니켈수소전지
	타이어	자동차,군수품 차량에 사용되는 타이어 건설 · 농업기계에 사용되는 타이어
	윤활유	자동차,군수품차량에 사용되는 윤활유 건설 · 농업기계에 사용되는 윤활유 선박 · 어선에 사용되는 윤활유
	형광등	수은이 들어있는 형광등 제조용 반제품인 램프를 포함
	양식용 부자	수산물 양식용 부자(浮子)
	곤포 사일리지용 필름	곤포 사일리지용 필름
	합성수지 재질의 김발장	합성수지 재질의 김발장
포장재	음식료품류,농 · 수 · 축산물,세제류, 화장품류, 의약품 및 의약외품, 부탄가스제품,살충 · 살균제, 의복류, 종이제품, 고무장갑, 부동액 · 브레이크액 및 윤활유 등의 포장재	가. 종이팩(합성수지 또는 알루미늄박이 부착된 종이팩에 한함) 나. 유리병 다. 금속캔 라. 합성수지재질의 포장재(용기류,필름,시트형포장재 및 트레이 포함) ※ 부동액 · 브레이크 및 제6호에 따른 윤활유(합성수지재질의 포장재로 한정) ※ 상기품목 이외의 제품(합성수지재질의 포장재로 한정)
	전기기기류 등의 포장재	필름 · 시트형 포장재 및 발포합성수지 완충재
	1회용 봉투 · 쇼핑백	합성수지 재질의 1회용 봉투,쇼핑백(종량제 봉투 제외)

2) 폐기물의 저감대책

(1) 폐기물 발생의 최소화

① 생산단계에서의 최소화 : 사업공정, 발생원에서 감소

② 유통단계에서의 최소화 : 포장제 소비감소

③ 소비단계에서의 최소화 : 쓰레기 종량제

(2) 폐기물 자원화(Recycle)

① 확대 생산자 책임 재활용제도 : EPR(Extended Producer Responsibility)제도

② 재생자원 안정적 공급 및 재활용품 소비 촉진

(3) 폐기물의 효율적인 재활용 방안

Prevention & Reduction

↓

Recycling

↓

Incineration

↓

Energy Recovery

↓

Ash

Landfill or Recycling(벽돌재료 및 시멘트 대체재료)

3) 도시광산(Urban mine)

도시에서 대량 폐기되는 가전제품에 존재하는 폐금속, 폐플라스틱 등 전자제품 속에 있는 희소자원을 회수하여 파쇄와 제련기술을 이용하여 회수하는 금속이므로

도시광산이라 한다.

(예 : 금광석 1t → 금 5g 정도 채취, 폐휴대전화기 1t → 금 150g, 은 1.5kg을 회수)

8.4 자원 순환형 폐기물의 자원화

1) 자원순환형 폐기물의 종류

(1) 폐지

우리나라 가정에서 배출되는 폐기물[5] 중 분리배출・수거가 가장 잘 되고 있는 품목이며 폐지 재활용의 장점은

① 산림자원의 보존

② 제조단가가 낮아지므로 소비자 가격도 저렴

③ 종량제 폐기물 발생량도 저감

(2) 고철 및 캔류

2017년 고철사용량은 27,342천 톤/년으로 이 중 79%가 국내에서 회수되고 21%는 수입되었으며 2017년 고철사용량은 철재소비의 약 40% 정도이다.

특히 고철 캔류는 유가폐자원으로 회수율이 아주 높은 폐자원이다.

(3) 유리

폐유리 재활용 기술개발로 2017년 폐유리 사용량은 전년도 대비 77% 재활용률 실현으로 효과적인 폐기물 감량결과를 나타내었다.

5) 국내배출폐기물자료는 전년도 2017년 통계자료임(2017년 자료는 2016년 이후 통계자료임)

(4) 폐타이어

2017년 폐타이어 총 발생량은 390,411톤/년으로 이중 71%를 재활용하였다.

(5) 폐윤활유

폐윤활유 발생량은 2017년 266,576톤/년이었으며, 재활용율은 70%를 유지하고 있다.

[표 8-4] 자원순환폐기물의 재활용 현황

폐기물별	재활용율	구분	2011년	2012년	2013년	2014년	2015년	2016년
폐지 (천톤)	폐지사용량	합계	10,262	9,493	10,157	10,133	10,093	10,376
		수입	1,435	1,449	1,511	8,723	8,714	8,926
		국내	8,827	8,044	8,646	1,411	1,379	1,450
	국내사용률	%	86	84.7	85.1	86	86.3	86
고철 (천톤)	고철사용량	합계	24,666	34,284	35,143	33,694	29,362	27,342
		국내	18,324	24,159	25,862	25,688	23,358	21,603
		수입	6,342	10,125	9,281	8,006	6,004	5,739
	국내사용률		74.2	70.4	73.5	76.2	79.5	78.7
금속캔 (천톤)	발생량		348	328	337	170	177	187
	재활용량		176	189	201	138	134	152
	재활용률	%	50	57.6	59.6	81.2	75.7	81.3
폐유리 (천톤)	유리병 사용량		716	702	649	660	665	631
	폐유리 사용량		535	529	491	511	514	483
	재활용률	%	75	75	76	77	77	77
폐타이어 (천개)	발생량		310,991	305,877	320,889	324,600	349,386	390,411
	재활용량		234,861	216,558	236,428	248,991	246,919	276,369
	재활용률	%	75.5	70.8	73.7	76.7	70.7	70.8

폐기물별	재활용율	구분	2011년	2012년	2013년	2014년	2015년	2016년
폐윤활유 (톤)	폐윤활유 발생량		238,521	235,717	250,065	248,109	251,028	266,576
	폐윤활유 재사용량		173,976	173,258	175,118	176,704	186,854	185,313
	재활용률	%	72.9	73.5	70	71.2	74.4	69.5

8.5 폐기물의 처리기술 및 최종처분

1) 중간처리기술의 종류

중간처리 방법에는 압축·파쇄, 퇴비화, 소각, 에너지 회수를 위한 가스화나 연료화 처리방식이 있다. 특히 가스화와 연료화의 특징은 다음과 같다.

- 가스화 = Bio-energy(Biomass)[6] : 동·식물체 등의 생물체를 총칭, 직접 이용하거나 화학적, 물리적 변환과정으로 액체, 고체연료가스, 전기 등의 열에너지로 이용

〈바이오매스 종류〉

① 곡물과 감자류를 포함한 전분질계의 자원

② 톱밥, 볏짚, 왕겨, 목초 등과 같은 폐농산물을 포함한 셀룰로오스계의 자원,

③ 사탕수수, 사탕무우와 같은 당질계의 자원

④ 가축 분뇨 및 사체와 미생물의 균체를 포함하는 다양한 성상의 단백질계의 자원

⑤ 위와 같은 자원에서 파생되는 폐찌꺼기, 음식찌꺼기, 하수슬러지 등의 유기성 폐기물도 포함된다.

6) Biomass : 식물과 미생물의 광합성은 태양에너지로 생성되며, 생성된 식물과 균류를 먹이로 살아가는 동물류를 포함한 생물유기체

• SRF(Solid Refuse Fuel) 고형폐기물 연료화

폐기물에서 잔류물질을 균질화한 후 펠렛화하여 이용하는 폐기물 고형연료화 방식에 해당되며 탄화물이라 한다. 상품화를 위한 시범과 연구가 지속되고 있다.

a) SRF 펠렛

b) Biogas Process

〈그림 8-3〉 연료예 및 바이오가스 공정

2) 최종처분(Landfill) 및 자원화

(1) 매립(Landfill)

① 단순매립(Open dump)

② 위생매립(Sanitary Landfill)

③ 안전매립(Secure Landfill)

④ 준호기성매립(Fukuoka method)

(2) 매립가스의 자원화

① LFG(Landfill Gas)의 주성분 : 메탄(CH_4), CO_2, N_2, O_2, NH_3, CO, H_2S, 메틸멜캅탄(CH_3SH) 등

② LFG발전 : 메탄(CH_4)가스만을 포집하여, 가스발전기 연료로 사용하여 전기를 생산

〈그림 8-4〉는 국내 김포매립지의 메탄가스 발전시설이다.

〈그림 8-4〉 위생매립지의 메탄가스 발전시설

3) 기타 방사성 폐기물과 분뇨 및 슬러지 처리

① 방사성 폐기물 : 지하심부 암석속 매립(현재)
대기권 밖 처리(우주선 이용 → 미래 but 비용 고가)

② 분뇨 및 슬러지 : 하수처리장 + 분뇨 → 병합처리(Biogas 생산)

chapter 09 지구환경의 기후변화

9.1 지구환경 문제

1) 지구환경 문제

인간의 두뇌발달과 함께 생산활동 증가로 인한 배출오염물질량은 폭증하였고 난분해성 물질로 인한 지구환경에는 다양한 악영향이 나타나기 시작하였다. 즉, 지구온난화, 오존층의 파괴, 열대우림의 감소, 산성비와 사막화, 유해폐기물에 의한 해양오염 등의 환경오염문제를 들 수 있다.

(1) 지구온난화와 온실효과(Global warming & Greenhouse Effect)

① 지구 온도가 상승하여 발생하는 온실효과의 주요 메커니즘은 대기권의 지구층을 둘러싸고 있는 온실가스 중 적외선 복사열을 우주 밖으로 배출해야 하나 차단되어 지구 기온이 상승하여 지구 온도를 따뜻하게 하는 현상을 온실효과(Greenhouse Effect)라고 한다.

- 온실가스 : CO_2, CH_4, N_2O, CFCs, O_3 등

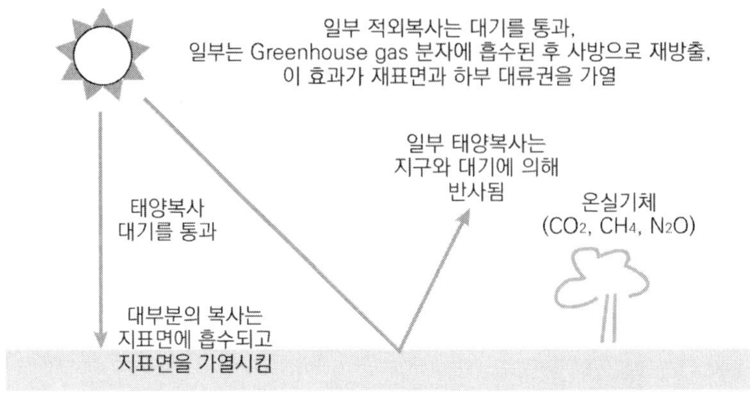

〈그림 9-1〉 온실효과의 발생과정

(2) 해수면 상승(Sea level rise)

지구온난화 → 빙하의 해빙 → 해수면 상승 → 육상면적 수몰(섬나라 및 저지대 위치한 국가)

- 지구표면의 평균온도는 21세기 말까지 1.4~5.8℃ 정도 상승 예상
- 수몰위기에 처한 나라 : 투발루, 키리바시공화국과 향후 수몰될 나라들이 늘어나고 있다.

그 외 온난화에 따른 문제점들은 다음과 같다.

- 강우 · 강수 패턴의 변화에 따른 다발적인 자연재해(불특정나라, 불특정지역에서 발생하는 쓰나미, 해일, 태풍, 홍수 및 가뭄, 폭염, 혹한 및 폭설 등)
- 세계 곡창지대의 환경재해로 인한 식량생산량의 저감
- 곤충 및 동 · 식물을 매개체로 한 감염의 유행지역 확산

9.2 기후변화의 영향(The Effect of Climate Change)

기후변화란 자연적 요인과 인위적 요인에 의하여 현재 우리가 겪고 있는 기후계가 변화하는 현상을 말한다.

- 자연적 요인 : 지구의 대기 · 육상 · 해양 · 빙하 및 생물권 자체의 생화학적 변화 요인과 화산 분화에 의한 오존층의 에어로졸 증가 등의 내부요인과 태양활동의 변화, 태양과 지구의 천문적 상대위치 등의 외부요인이 있다.
- 인위적 요인 : 화석연료 사용 후 배출되는 온실가스로 인한 지구온난화, 인위적인 에어로졸 배출에 의한 태양복사 및 광화학적 반응에 의한 변화 (산란으로 인한 차단효과(Blocking Effect)에 의한 지구냉각화)
- 대표적인 현상은 지구온난화(Global warming)이다.

1)기후변화 관측현황

한반도의 경우 약 110년간(1912~2018년) 6개 관측지점[1]의 평균 기온상승률은 1.8~1.9℃로(0.18℃/10년) 지구 평균기온상승률보다 높았다. 특히 지난 30년간(1987~2017년) 기온상승속도는 계속 증가하여 1.2℃ 이상 증가하고 있다.

[표 9-1] 우리나라 세 해역의 해수면 상승률 및 해수온도 변화

구분	남해안	동해안	서해안	평균
해수면 상승률 (1989~2017)	3.09 mm/year	3.70 mm/year	1.44 mm/year	2.89 mm/year
해수온도 (2003~2017)	0.02℃	0.07℃	0.07℃	0.05℃

1) 서울, 부산, 인천, 대구, 강릉, 목포

2) 기후변화의 영향

(1) 기후변화로 인한 기상이변

① 지구온난화에 따른 급격한 기후변화 : 지구촌 곳곳에서 쓰나미, 태풍, 집중호우 및 홍수와 가뭄, 한파와 폭설, 폭염 등의 이상기후 발생

② 2017년 지구 평균기온은 평년(1961～1990년 평균 13.9℃)에 비해 0.57℃이상 증가 2017년 북극해 빙하면적은 역대 최소면적을 기록하였으며 2007년의 면적보다 18%이상 작은 빙하면적을 보였다.[2)]

③ 한국의 기후변화 영향 : 1978～2017년(39년간) 제주항 해수면의 연평균 상승률은 5.97mm/년 평균의 약 3.5배[3)]이며 이같은 해수면의 상승은 홍수 시 침수 및 범람과 습지이동, 해안침식, 담수층으로의 해수 침투, 연안의 퇴적유형 변화 등을 초래한다.

④ 도시기후 변화 현상 : 도시 중심부의 건축물의 냉난방, 공장이 집중화된 공단에서, 도로포장과 급증한 차량 등에 의하여 지역적으로 나타나는 기후현상을 말한다.

⑤ 열섬효과(Heat island Effect) : 고밀도 고층건물과 아파트 등에서 발생하는 열과 각 공장, 교통 및 차량 등에서 발생하는 각종 대기오염물질로 인한 도심지의 기온이 높아지는 현상을 말한다.

---

2) 2018.1. 2017년 관계부처 합동 이상기후 보고서 자료 (세계평균0.41℃/10년)

3) 국립해양 연구원 조사자료 2017.4

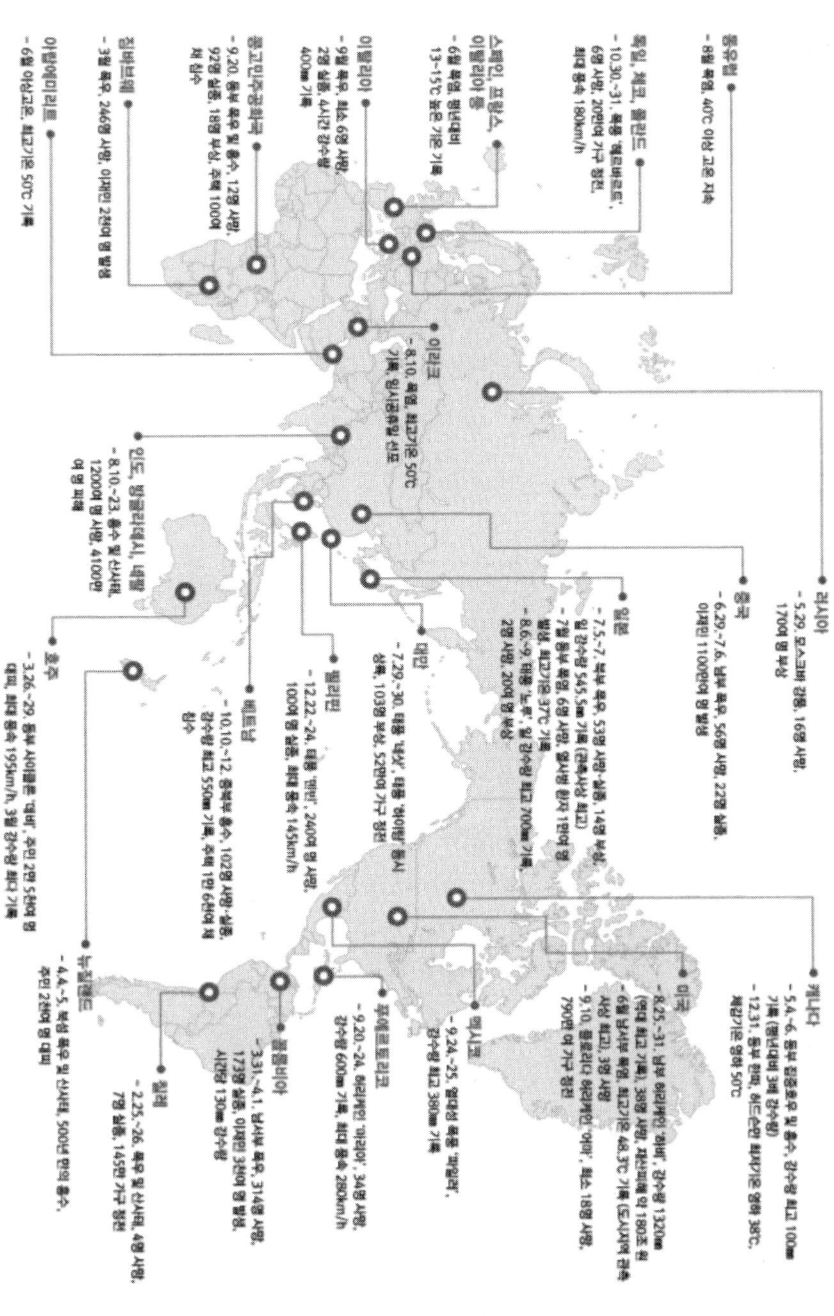

〈그림 9-2〉 세계 이상기후 발생현황(2017년)

(자료 : 관계부처 합동, 2017년까지 자료 2018년 이상기후 보고서)

9.3 온실가스의 종류 및 배출 현황

1) 온실가스의 특징 및 종류

- 온실가스[4]는 화석연료를 사용할 경우 발생하는 이산화탄소(CO_2), 메탄(CH_4),[5] 아산화질소(N_2O)가 주를 이루고 있다.
- 육불화황(SF_6), 수소불화탄소(HFCs), 과불화탄소(PFCs)는 자연계에는 존재하지 않는 인류가 개발하여 합성한 온실가스이다.

[표 9-2] 주요 온실가스의 특성

온실가스	성 질	지구온난화 계수	주요 배출원
CO_2 (이산화탄소)	대표적인 온실가스	1	화석연료 연소
CH_4 (메탄)	천연가스의 주성분으로 상온에서 기체이며 연소가 잘됨	21	농축산업, 폐기물
N_2O (아산화질소)	수개의 질소산화물 중 가장 안정된 물질. 유해성은 없음	310	연료 연소(자동차), 산업체, 농축산, 폐기물
HFCs (수소불화탄소)	염소가 없고, 오존층을 파괴하지 않는 프론가스	1,300~11,700	에어컨, 냉장고의 냉매
PFCs (과불화탄소)	수소가 없고, 탄소 · 불소로만 구성된 프론가스	6,500~9,200	반도체 세정
SF_6 (육불화황)	유황 · 불소로만 구성된 프론과 같은 종류의 강력한 온실가스	23,900	전기의 절연체 (충전기기), 전자제품 세정

그 외 염화불화탄소(CFCs)는 염소, 불소, 탄소를 함유한 안정된 합성 화학물질로서 온실효과가 매우 컸으며, 1996년 몬트리올 의정서에서 중지협약을 하였다. 우리나라는 2010년에 완전히 사용중지한 물질이다.

4) 교토의정서에서 정의한 6개 온실가스, 표 9-2와 같다.

5) 소 한마리가 1년간 하품과 방귀로 내뿜는 메탄가스량은 자동차 1대가 1년간 배출하는 온실가스의 약1/4에해당되고,2005년 국내 온실가스 배출량 중 반추가축의 장내발효로 인한 배출량은 0.5%에 달한다.(농업진흥청, 2009)

9.4 오존층의 특징 및 영향

(1) 오존의 특성

① 오존은 산소 3개 원자로 이루어진 분자 구조 O_3 로 표기한다.

② 오존은 자극성의 냄새를 가지며 푸른빛을 띤다.

③ 강력한 산화 작용을 띠는 산화제로서 인체에 독성을 미친다.

∴ 오존을 공기나 물의 소독제로 이용한다.

④ 오존층의 오존(O_3)은 산소분자(O_2)가 태양으로부터 방출되는 강력한 자외선을 받아 2개의 산소원자(O)로 분해되어 발생된 산소원자가 다시 산소분자(O_2)와 결합하여 생성된다.

오존의 화학적 반응은 끊임없이 생성된다. 화학식은 다음과 같다.

$O_3 \rightarrow O_2 + O$(자외선 파장 240~290 nm)

$O_2 + O + M \rightarrow O_3 + M$(M : 질소 분자나 다른 산소 분자)

$O_2 \rightarrow O + O$(자외선 파장 240 nm 이하)

(2) 오존의 기능

① 태양에서 나오는 유해 자외선을 흡수하는 필터기능을 갖는다.

② 오존층은 파장이 290nm 이하인 강한 자외선의 약 97~99%를 흡수하여 따뜻한 기류를 형성한다.

③ 오존의 생성률은 태양의 복사량과 계절과 위도에 따라 두께는 다르다(적도지방의 오존층이 두꺼우며 겨울보다 여름철이 두껍다).

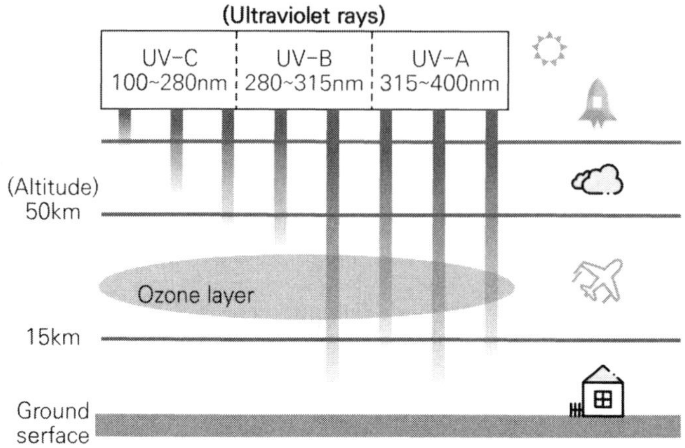

〈그림 9-3〉 오존층의 역할

(3) 오존층 파괴 및 영향

- 오존층 파괴영향

사람에게 가장 큰 영향을 주는 자외선은 주로 UV-B이다. UV-B가 생태계나 대기오염물질의 생성·소멸에 미치는 영향은 매우 크다.

① UV-B의 증가는 인체의 피부, 눈, 면역체와 비타민 D의 합성에 악영향을 미친다(피부암발생).

② 식물과 플랑크톤의 광합성 활동을 파괴하여 먹이원을 감소시킨다.

③ 성층권의 오존농도가 1% 감소하면 UV-B의 양은 2% 증가 → 피부암의 발생률은 약 4%, 백내장은 0.6% 증가한다.

④ 기타 UV-B의 증가는 식물의 엽록소 파괴로 농작물 생산량을 감소시키고 해양플랑크톤의 번식을 저해하여 해양생태계에도 악영향을 미친다.

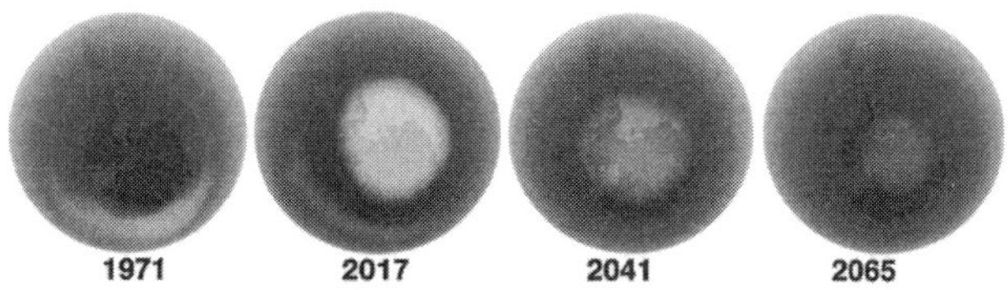

그림 9-4 남극의 오존파괴 현상

Last Course 수시평가 (점)중간/기말 고사 전 제출

학과	학번	성명	교양과목
			인간과 환경

영상수업 II . " 지구를 구하려는 노력 "

Quize (5Q)

A. 퀴즈

1. 브라질의 대기오염 저감 방안은?

2. 브라질의 농산물을 무공해 연료로 만든 재료 및 연료명은?

3. 페루의 천연보호종 긴꼬리원숭이의 보존이 되지 않는 이유는?

4. 중국의 황사진원지는?

5. 중국의 황사를 저감할 대책 방안은?

B. 본인이 생각하는 환경오염은 어떤 것들이 있는가?
생각나는 대로 나열하시오.

Report II. (점) 중간/ 기말 고사 전 제출하세요!

학과	학번	성명	교양과목
			인간과 환경

〈식구수, 화장실 개수 표기 후 전기 및 상수도 사용량, 폐기물〉

A. 본인이 살고 있는 집에서 전기, 상수도 사용량 줄이기, 폐기물 발생량 등, Eco-Life 관리비 영수증을 참고하여 전기 콘센트 교체 전・후 사진과 상수도 소비량 증감 및 재활용쓰레기 분리배출사진을 3개월간 자료를 체크하여 Report로 제출하시오(기말고사전까지).

chapter 10 생활환경과 실내공기오염

10.1 석면 및 유해물질 관리

1) 석면과 위해성

석면은 자연에서 생산되는 섬유상 형태를 가진 "규산염 광물류"이다. 성분에 따라 황석면, 백석면, 청석면 등으로 구분되며, 이 중 백석면이 95% 이상을 차지하고 있다. 그리스어로 "불멸의 물질"이라는 의미를 갖고 있으며 최근 국내에서 석면으로 인한 건강피해 문제가 커지고 있다.

특히 석면이 인체에 미치는 건강상 위해성은 치명적이다.

- 청석면, 황석면, 백석면 순으로 위해성이 매우 크다.
- 우리나라에서 석면의 종류 : 석면슬레이트 지붕, 칸막이, 천장재, 단열재 및 흡음판, 석면시멘트판, 직물(방화용 피폭재), 가스켓(단열재), 전기절연재 등의 건축자재와 자동차의 브레이크 라이닝으로 사용되어 왔다.

(1) 석면의 위해성과 피해사례

석면의 직경은 일반적으로 1~5μm로서 머리카락의 5천만분의 1 정도이며, 사용 후 10~40년이 지나면서 피해가 발생한다. 사람에게는 호흡기로 흡입되어 잠복기를 거쳐 악성중피종이나 폐암, 석면폐증 등 악성질병을 유발하는 것으로 밝혀졌다.[1)]

1) (WHO)에 따르면 세계적으로 1억 2천만 명이 석면에 노출되어 있으며 연간 9만 여명이 석면에 기인한 질병으로 사망하는 것으로 추정하고 있다.

(2) 미국의 독성물질 · 질환등록청[2)]에서 제시한 석면이 인체에 미치는 영향은 다음과 같다.

① 석면의 종류에 상관없이 일단 노출되면 폐암, 중피종 등에 영향을 줄 수 있다.

② 석면의 노출농도, 기간, 빈도 및 크기가 독성에 영향을 미친다.

③ 청석면, 트레몰라이트 석면, 액티노라이트 석면 같은 각섬석 계통은 백석면보다 더 기관지 하부에 잔류하게 된다.

④ 폐섬유화는 콜라겐의 침착, 폐조직 경화, 가스교환능력 상실, 괴사 등과 관련 있다.

⑤ 폐암과 석면폐는 초기 노출 후 15년 이상의 잠복기를 가진다.

⑥ 석면 노출 후 중피종의 진단은 대개 30년 이후에 나타난다.

⑦ 석면광산 인근지역 주민들과 석면취급 근로자의 가족들은 직업적 노출 없이도 중피종이 발생될 수 있다. 일본의 경우 2006년까지 중피종으로 1,050명이 사망하였으며, 1990년대까지만 해도 10명 내외였던 수치가 2000년부터 크게 상승하였다.

(3) 우리나라의 연구 사례는 대전시에서 2010년에 실시한 「폐쇄된 석면공장, 광산 인근 주민 건강영향조사」 결과 과거 석면제품 생산공장의 1km 이내에 10년 이상 거주한 사람 중 총 17명의 의심질환자가 나타나는 등 국내에서도 여러 피해사례[3)]가 확인되었다.

2) 국내석면관리제도

• 우리나라의 석면 노출기준은 직업적 노출의 경우 0.1개/mL, 일반 환경은 0.01개/mL로 규정(선진국 등 미국 기준과 유사)

2) ATSDR(Agency for Toxic Substances and Disease Registry)

3) 부산 인근의 석면 사용공장 주변에서 악성중피종 발병률이 타 지역보다 높게 조사되었고 충남 지역의 석면광산 인근 주민의 경우 석면폐와 같은 질환이 발병된 것으로 보고되었다.

- 국내에서는 2009년 1월 1일부터 전면 사용 중지되었으며,
- 석면이 함유된 탈크가 섞인 베이비파우더에서의 석면검출 등이 문제가 되어 석면을 「유해화학물질관리법」에 따라 "취급제한 · 금지물질"로 지정하여 수입 · 사용 등 금지하였다.

[표 10-1] 국내 석면관리 정책 및 내용 (2011년 「석면안전관리법」을 제정)

세부 중점대책	주요내용
석면의 원천적 차단	• 석면함유제품 제조 · 수입 · 유통 관리 강화 • 의약품 · 화장품용 탈크 석면기준 마련 및 검사 강화 • 공업용 탈크 석면기준 마련 및 수입 · 제조 관리
건축물 전생애 석면 안전관리체계 구축	• 학교,군부대시설,공공건물,다중이용시설 실태조사 • 정기 조사 · 평가 관리기준 마련 및 시설별 석면관리 매뉴얼 보급 • 석면지도 DB화 및 건축물 석면정보 통합관리시스템 구축 • 건축물 철거 시 석면 확인 및 비산 방지 • 농어촌 슬레이트 철거 · 처리 지원방안 강구
석면 광산 및 자연발생 석면 관리	• 석면 광산 환경조사 및 위해성 평가 • 석면 광산 및 주변 지역 광해방지사업 • 자연발생 석면(NOA)지역 조사 및 피해 예방체계 구축
석면 건강피해 관리 및 구제	• 석면 광산 · 공장 등 석면피해 우려지역 건강영향조사 확대 • 석면질환 판정지침서 개발 등 석면질환 감시체계 구축 • 석면 건강피해 구제방안 마련

10.2 실내공기오염

1) 실내공기오염의 원인과 영향

실내공기오염은 지속적으로 배출되는 오염물질이 밀폐된 공간에서 저농도로 배출되어 점점 고농도로 축적되므로 건강에 심각한 피해를 줄 수 있다.

(1) 실내 공기질에 영향을 미치는 영향은 생물적 및 화학적 요소가 있다.

① 화학적 요소 : 온도, 습도나 풍속과 같은 물리적 요소와 미세 먼지, 일산화탄소, 이산화탄소, 질소산화물 등

② 생물적 요소 : 세균, 곰팡이, 집먼지 진드기, 바이러스, 해충과 미생물 등이 있다. 실내공기오염 물질은 또한 크게 가스상 물질과 입자상 오염물질로 분류된다.

(2) 실내공기오염 물질의 발생원

접착제, 합성수지 등을 포함한 건축자재 및 마감재, 냉난방 장치, 사무기기 등 다양하며, 특히 생활용품의 화학물질 사용 증가로 실내공기오염도 높아져 건강에 심각한 피해를 줄 수 있다.

(3) 실내공기오염의 위해성

실내공기오염은 인체건강에 직접적인 영향을 미치며, 대기오염으로 인한 사망자수가 연간 최대 600만 명에 달하며, 이 중 사망자 수는 280만 명으로 추산된다.

- 인간의 1일 물질 섭취량 중 공기가 79%를 차지하며, 공기 중에서도 실내공기가 80~90%를 차지한다. 실외보다 실내오염 물질이 인체의 폐에 흡입될 확률은 천 배 높아 건강에 미치는 영향이 매우 크다고 WHO는 보고하였다.
- EPA 규정 : 알레르겐(Allergens), 집먼지 진드기(Dust Mites), 동물털(Animal Dander), 바퀴벌레, 곰팡이(Fungus), 꽃가루(Pollen) 등과 자극제(Irritants), 간접흡연(Second hand Smoke), 연소산화물(NO_2) 등이 천식을 유발하는 주 요인이다.
- 예로 지하상가에는 이용객들의 외부활동으로 오염된 외부 공기의 유입과 건물 외벽의 습기, 환기설비의 먼지 등에 의한 실내공기가 오염이 된다.
- 다중이용시설 등의 실내공기오염 물질은 미세먼지, 자동차 매연과 호흡작용에 의한 CO, CO_2, NOx 등이 있다. [표 10-2]는 다중이용시설의 실내공기질 관리 기준이다.

[표 10-2] 다중이용시설의 실내공기질 관리기준

<table>
<tr><th rowspan="2">대상시설</th><th colspan="5">실내공기질 유지기준</th></tr>
<tr><th>PM_{10} (㎍/㎥)</th><th>이산화탄소 (ppm)</th><th>폼알데하이드 (㎍/㎥)</th><th>총부유세균 (CFU/㎥)</th><th>CO (ppm)</th></tr>
<tr><td>지하역사, 지하도상가, 철도역사의 대합실, 여객자동차터미널의 대합실, 항만시설 중 대합실, 공항시설 중 여객터미널, 도서관·박물관 및 미술관, 대규모 점포, 장례식장, 영화상영관, 학원, 전시시설, 인터넷 컴퓨터게임시설을 제공하는 업의 영업시설, 목욕장업의 영업시설</td><td>150 이하</td><td rowspan="3">1,000 이하</td><td rowspan="3">100 이하</td><td>-</td><td rowspan="2">10 이하</td></tr>
<tr><td>의료기관, 산후조리원, 노인요양시설, 어린이집</td><td>100 이하</td><td>800 이하</td></tr>
<tr><td>실내주차장</td><td>200 이하</td><td>-</td><td>25 이하</td></tr>
<tr><td>실내 체육시설, 실내 공연장, 업무시설, 둘 이상의 용도에 사용되는 건축물</td><td>200 이하</td><td>-</td><td>-</td><td>-</td><td>-</td></tr>
</table>

<table>
<tr><th rowspan="2">대상시설</th><th colspan="5">실내공기질 권고기준</th></tr>
<tr><th>NO_2 (ppm)</th><th>라돈 (Bq/㎥)</th><th>총휘발성유기화합물 (㎍/㎥)</th><th>$PM_{2.5}$ (㎍/㎥)</th><th>곰팡이 (CFU/㎥)</th></tr>
<tr><td>지하역사, 지하도상가, 철도역사의 대합실, 여객자동차터미널의 대합실, 항만시설 중 대합실, 공항시설 중 여객터미널, 도서관·박물관 및 미술관, 대규모 점포, 장례식장, 영화상영관, 학원, 전시시설, 인터넷컴퓨터게임시설제공업의 영업시설, 목욕장업의 영업시설</td><td rowspan="2">0.05 이하</td><td rowspan="3">148 이하</td><td>500 이하</td><td>-</td><td>-</td></tr>
<tr><td>의료기관, 산후조리원, 노인요양시설, 어린이집</td><td>400 이하</td><td>70 이하</td><td>500 이하</td></tr>
<tr><td>실내주차장</td><td>0.3 이하</td><td>1,000 이하</td><td>-</td><td>-</td></tr>
</table>

2) 새집증후군

새집증후군(SHS, Sick House Syndrome)은 새로 지었거나 리모델링한 기존의 주택에서 발생되는 포름알데하이드, 휘발성유기화합물(VOCs), 입자상물질과 같은 유해물질 등이 새집 입주자의 건강에 이상증세를 유발하는 것을 말한다.

- 일본에서 먼저 사용한 용어
- 실내공기 오염에 의한 이상증상을 포괄적으로는 "병든 건물 증후군"(SBS : Sick Building Syndrome)으로 칭한다.

(1) 원인물질

주택 등 건물 건축 및 가구제조 시 사용되는 접착제와 도료 등에 함유된 포름알데하이드 등의 유기용제와 생물들이 자체 보호 방부제(Preservative)로 발생하는 휘발성 유기 화합물(Volatile Organic Compounds, VOCs)이 목재에 일부 포함되어 있다는 보고도 있다. 또한, 곰팡이나 미생물에 의한 공기오염이 원인이 될 수 있다.

[표 10-3] 건축자재에서 방출되는 실내공기오염물질 배출기준

구분 \ 오염물질 종류	폼알데하이드		톨루엔	총휘발성유기화합물 (TVOC)
	2016년까지	2017년부터		
접착제	0.05 이하	0.02 이하	0.08 이하	2.0 이하
페인트				2.5 이하
실란트				1.5 이하
퍼티				20.0 이하
벽지				4.0 이하
바닥재				4.0 이하

(2) 대책

건축자재에 대한 기준강화가 필요하다. 최근부터 VOC배출량이 낮은 건축 자재 및 접착제 · 도료가 개발되어 판매되고 있다.

- 우리나라의 「다중이용시설의 실내공기질 관리법」에서는 건축자재에서 방출되는 포름알데하이드, 총휘발성유기화합물이 일정농도 이상의 경우에 오염물질로 본다.
- 환기시설 또는 공기정화시설 등을 반드시 설치하여 운전하는 것이 바람직하며, 최근에는 곰팡이나 미생물에 의한 공기오염이 원인이 되는 경우도 많아 사전에 발생방지 및 제거 등이 필요하다.
- 또한, 일상생활에서 계절별로 사용되는 살충제나 화학적 방향제 같은 향료 등이 원인이 되기도 하므로 천연향 추출물이나 자연제품으로 교체할 필요가 있다.

[표 10-4] 분야별 실내공기질 관리기준

구분	환경부	보건복지부	교육부	고용노동부
미세먼지($\mu g/m^3$)	150~200	100	100	150
일산화탄소(ppm)	10~25	10	10	10
이산화탄소(ppm)	1,000	1,000	1,000	1,000
포름알데히드($\mu g/m^3$)	100	100	100	120
총부유세균(CFU/m^3)	800	800	800	800
이산화질소(ppm)	0.05~0.3	0.05	0.05	0.05
라돈(Bq/m^3)	148	148	148	-
휘발성유기화합물($\mu g/m^3$)	400~1,000	400	400	-
석면(개/cc)	0.01	0.01	0.01	0.01
오존(ppm)	0.06~0.08	0.06	0.06	0.06
곰팡이(CFU/m^3)	500	-	-	-
진드기(마리/m^2)	-	-	100	-
낙하세균(CFU/실)	-	-	10	-

3) 새차증후군

새 자동차에서 배출되는 휘발성유해물질로 인한 두통, 현기증 등을 유발하는 징후이다. 새차 실내공기질 위해성 평가와 자동차 특성을 반영한 7개 오염물질에 대한 권고기준은 표와 같다. 2019년부터 신규유해물질 1종 '아세트 알데히드'가 추가될 예정이다.

[표 10-5] 신차의 실내공기질 권고기준 (단위 : $\mu g/m^3$)

폼알데하이드	벤젠	톨루엔	자일렌	에틸벤젠	스티렌	아크롤레인
210	30	1,000	870	1,000	220	50

출처 : [시행 2014.1.1.] [국토교통부고시 제2013-889호, 2013.12.24., 법 개정

4) 대중교통수단의 실내공기질 관리 가이드라인

환경부에서는 직행형, 고속형 시외버스, 열차, 도시철도 등을 대상으로 「대중교통수단 실내공기질 관리 가이드라인 기준」을 표와 같이 자율 준수토록 권고하고 있다.

[표 10-6] 대중교통수단의 실내공기질 관리 가이드라인

오염물질	구분	평상시 기준	혼잡시 기준
이산화탄소(ppm)	도시철도	2,500 이하	3,500 이하
	열차, 버스	2,000 이하	3,000 이하
미세먼지($\mu g/m^3$)	도시철도	200 이하	250
	열차, 버스	150 이하	200

5) 실내공기질 개선대책

(1) 친환경 건축자재 사용

기존 주택의 리모델링 또는 주택 및 아파트 건축 시 의무적으로 '실내공기질 성능등급' 확인하게 한다.

(2) 환기

① 베이크아웃(Bake-out) : 새로 지은 건축물과 개・보수 작업이 끝난 건물 등의 실내공기 온도를 높여 건축자재나 마감재료에서 발생하는 유해물질을 제거하는 법(휘발성 유기화합물과 포름알데하이드 등을 일시적으로 증가시킨 후 환기)

② 자연환기 : 새집이나 건물에 하루에 2~3회 이상 문과 창문을 열어 10분 이상 실내・외 공기를 교체하는 방법

③ 강제환기 : 더운 여름이나 아주 추운 겨울철 냉・난방으로 자연환기가 곤란할 경우 설치된 환기시스템을 가동하여 환기하는 방법(환기장치 : 흡・배기팬, 흡배기자동교환형 기계환기시스템 등)

(3) 신축공동주택 공기질 관리

신축공동주택(아파트)의 시공자에게 실내공기질 측정 및 공고를 의무화하였고, 실내공기질 오염현황을 입주자들에게 알리고 친환경 건축자재를 사용하도록 규정을 강화하였다.

(4) 친환경건축물 인증제도

지속가능한 개발의 실현을 목표로 한 제도이며 개발 계획 중인 건축물의 입지, 제재선정 및 시공, 유지관리, 폐기 등 건축의 전 생애주기 평가(LCA)[4]를 통한 건축물의 환경성능인증제도이다.

[표 10-7] 신축주택의 실내공기질 권고기준(2015~2016년) (단위 : $\mu g/m^3$)

구분	폼알데하드	벤젠	톨루엔	에틸벤젠	자일렌	스티렌	라돈
기준	210 이하	30 이하	1,000 이하	360 이하	700 이하	300 이하	200 이하

4) LCA(Life Cycle Assessment) 전 생애 주기 평가

10.3 실내 라돈물질 관리 및 대책

1) 실내라돈과 인체영향

라돈은 지각의 암석에 자연적으로 존재하는 우라늄이 몇 단계의 방사성붕괴 과정을 거쳐 생성되는 무색・무취・무미의 기체로 지구상 어디나 존재하는 자연방사능 물질이다. 특히 라돈은 사람에게 노출되는 연간 방사선량의 약 50%를 차지하며, 그 외 자연방사선이 35%, 의료방사선 14%, 직업상 피폭되는 방사선량 1% 순이다.

(1) 라돈의 유입경로

- 실내에 존재하는 라돈의 80~90%는 토양이나 지반・지질의 암석에서 발생된 라돈기체가 건물바닥이나 벽의 틈으로 유입된다.
- 건축자재에 함유된 양이 2~5%, 지하수에 용해된 라돈이 1% 정도이며 라돈의 인체노출량 중 약 95%는 실내에서 호흡할 때 공기로 흡입된다.
- 기타 라돈이 용해된 지하수를 음용할 때 흡입될 수 있다.

(2) 라돈의 인체영향

호흡을 통해 인체로 흡입된 라돈과 라돈분자는 붕괴과정에서 알파(α)선을 방출하며 방출된 알파선은 폐조직을 파괴하고 라돈에 지속적으로 노출될 경우 폐암을 유발할 수 있다.[5)]

- 폐암 발병원인의 3~14%를 차지하여 흡연 다음의 발생원
- 라돈의 동일농도에서 흡연자・비흡연자가 노출될 경우 흡연자의 폐암발병률이 훨씬 높다.
- 라돈에 의한 사망자 수가 연간 7,000~30,000명에 이른다는 보고가 있다.

5) 방사성물질 농도는 베크렐(Bq)이나 피코큐리(pCi)로 표시한다. 베크렐은 방사성물질 국제표준 단위이며, 1초에 방사선 1개가 핵에서 한번 방출되는 것, 즉 1초 동안 하나의 방사성 붕괴가 일어나는 양을 나타낸다. 공기 중의 라돈 농도는 Bq/m3이나 pCi/L로 표시하며, 1 pCi/L는 37 Bq/m3에 해당하는 농도이다

(3) 국내 라돈의 실내농도

국립환경과학원이(2015~2016년) 2년간 겨울철[6]에 조사한 전국 주택의 실내 라돈농도를 보면 신축공동주택 권고기준 200Bq/m^{3}을 기준으로 전체 조사 대상주택 9,553호 중 단독주택의 경우 699호가 10.7%로 초과하였고, 연립・다세대주택이 2.5% 아파트는 0.3%를 초과한 것으로 나타났다. 국내 주택 유형별 실내라돈 농도 조사자료는 [표 10-8]과 같다.

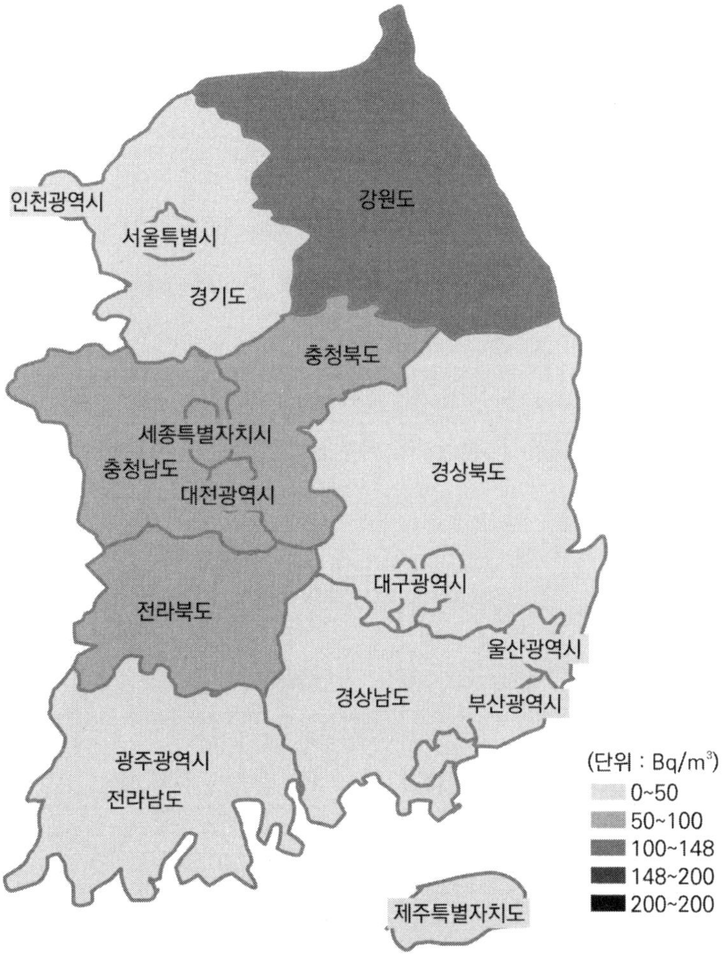

〈그림 10-1〉 전국 시・군・구 별 분석한 실내라돈농도 평균지도(2015~2016년 동절기 기준)

6) 과학원은 실내외 온도차가 크고 환기율이 낮은 겨울철에 실내 라돈농도가 다소 높기 때문에 겨울철에 집중적으로 조사했다.

[표 10-8] 주택유형별 실내 라돈 현황(2015~2016)

구분	시료수(개)	초과율(%)	실내라돈농도 평균(Bq/㎥) 기준 : 200Bq/㎥이상
단독주택	6,509	10.7%	102.7
연립 · 다세대주택	1,431	2.5%	62.3
아파트(2013~2014)	1,613	0.3%	56.0
총계	9,553	13.5%	-

2) 국 · 내외 라돈 관리대책

(1) 국내 라돈대책

2004년~ 2018년 현재까지 「실내공기질관리법」, 「학교보건법」을 근거로 지하역사 · 지하도상가 등 총 21개 다중이용시설군과 학교에 대한 실내라돈 권고기준(4pCi/L)을 설정하였다.

- 환기를 자주하는 것이 대책 중의 하나이다.
- 국내 침대 메트리스 사건 후 전국적인 조사 중이므로 대책방안이 제시될 것으로 예상한다.

(2) 선진국의 라돈 관리대책

- 미국은 1990년대부터 측정치가 4pCi/L(148Bq/m3) 이상 시 건물보수조치 기준을 설정하였다.
- 스웨덴은 저감시설을 설치할 경우 비용의 50%를 지원하고 있다.

[표 10-9] 국가별 주택 내 라돈농도 관리기준

국가	관리기준(Bq/㎥)	대상
한국	148	다중이용시설
	200	공동주택
미국	148	주택, 학교

국가	관리기준(Bq/㎥)	대상
독일	100	주택
영국	200	기존주택
	100	신축주택
스웨덴	200	기존주택
	200	신규주택
핀란드 체코	400	기존주택
	200	신규주택

10.4 전자파 관리 및 대책

1) 전자파 발생과 특성

(1) 전자파(Electromagnetic Wave, 전기자기파)[7]의 정의

전기 및 자기의 흐름에서 발생하는 전자기 에너지의 일부 전기장과 자기장의 두 가지 성분으로 구성된 파동을 나타낸다.

- 전기장 또는 자기장의 세기와 주파수로 특성을 나타낼 수 있다.[8] X선, γ선 등 투과력이 강한 선을 이용하므로 치명적인 장애를 유발한다.
- 마이크로파 사용휴대폰, 열작용 동반한 전자레인지
- 적외선, 가시광선, 자외선, X선, γ선 등을 말하며, 이 전파의 주파수는 3,000GHz 이하의 전자파를 말한다.

---

7) 전자파 : 도선에 전류가 흐르면 자계가 발생하여 전계가 형성되어 시간에 따라 변하므로 전계를 중심으로 다시 자계가 재형성된다. 이렇게 전계와 자계가 반복하여 발생하는 과정으로 전자파는 공간으로 직진, 반사, 회절 등을 하면서 빛의 속도로 전파되어 나간다.

8) 주파수란 1초당 같은 변화를 반복하는 회수를 말하며 사이클(cycle)또는 헤르츠(Hz) 단위로 표시한다. 한 사이클이 변화하는데 걸리는 시간을 주기라 하고, 한 주기 동안 진행하는 거리를 한 파장이라고 한다.

(2) 전자파의 문제

① 주변 기기에 미치는 영향 ② 인체에 미치는 영향으로 구분한다.

(3) 제4의공해 전자파

암, 백혈병, 유산, 기형아 출산 등의 원인이 될 수 있다.

(4) 실생활 속의 유해 전자파

① 스마트폰, TV, Hair Dryer, 전기오븐, 전자레인지와 실외변압기와 고압전송선 등이 있으며 이중 가장 유해하고 위험한 것은 휴대폰의 방사 전자파이다.

② 전자파 노출로 인한 질병 : 뇌암, 백혈병 등의 각종 암 유발

(5) 전자파 규제 방안

① 임산부는 주 20시간 이내 컴퓨터 사용

② 취침 시 전기담요, 히터 가동 유의

③ 휴대폰 사용 시 최단시간 사용

④ 컴퓨터 모니터는 60cm 거리를 두고 사용

⑤ 전자용품 사용 후 플러그를 뽑을 것

2) 국내외 전자파 인체보호기준

(1) 우리나라의 전자파 인체보호기준

① 휴대폰기지국과 같은 무선설비에 적용하는 전자파 강도기준과

② 휴대폰단말기 등에 적용하는 전파흡수율

전자파흡수율(SAR)은 생체조직에 흡수되는 단위 질량당 에너지율이며, 최대 허용기준은 [표 10-10]과 같다.

[표 10-10] 전자파 흡수율(SAR) 최대기준

주파수	구분	전자파흡수율 기준(W/kg)		
		전신	머리/몸통	사지
100kHz ~ 10GHz	일반인	0.08	1.6	4
	직업인	0.4	8	20

3) 외국의 전자파 관리 동향

(1) 사전예방정책

스위스, 스웨덴, 이탈리아 등은 ICNIRP[9]의 기준을 토대로 사전예방 차원에서 훨씬 강화된 기준을 적용하고 있다. 예로서

① 스위스 : 전자파 민감지역에 설치된 고정형 장치의 전자파 방출량을 제한하는 장치한계값(Installation Limit Value; ILV)으로 규정하고 있다.

② 미국 : 1996년 연방통신위원회(Federal Communications Commission, FCC)가 인체보호기준을 법제화하여 "인체보호기준을 초과하는 지역에 대한 민간인 출입 통제"를 의무화 하였다.

[표 10-11] 국가별 전자파흡수율(SAR) 기준

구분	허용량(W/kg)
국제기준(유럽, 일본 등 대부분 국가)	2.0
한국, 미국, 캐나다	1.6

9) 국제방사선 방호협회(International Radiation Protection Association)는 인간과 환경을 방사로부터 보호하는 것을 목표로 활동하고 있으며, IRPA가 설립한 ICNIRP는 비전리방사에 대해 권고안 개발을 목적으로 하고 있다. WHO 등과 공동으로 다양한 형태의 전자파 저감 권고안을 제시하고 연구하고 있다.

chapter 11 유해화학물질과 환경호르몬

11.1 유해화학물질

21C 향상된 생활수준에서 활동하는 현대인들이 지속적으로 화학물질을 개발해내고 이용하는 중에 있다. 화학물질은 원소나 화합물에 인위적인 반응으로 얻어낸 물질과 자연 상태에서 발생한 물질을 추출하고 정제한 물질이다.

1) 화학물질의 생산 · 사용 현황

전 세계에서 생산 · 유통되는 화학물질은 약 10만 종 이상이며 OECD 회원국 중 대부분은 유해화학물질의 배출 · 이동량이 점차적으로 감소하는 추세이다.

① 미국 · 캐나다 : 일반 화학물질 152종의 총 배출 · 이동량이 1995년~ 2002년 약 18% 감소

② 일본 : 화학물질 354종의 배출량이 2000~2004년간 54% 감소

③ 한국 : 약 4 만여 종의 화학물질이 사용 중이며, 매년 400여 종의 화학물질이 새롭게 유통되고 꾸준히 증가하고 있다. 화학물질에 대한 유통 현황은 [표 11-1]과 같다.

④ 국내 유독물질 유통 · 배출 현황은 벤젠, 1,3-부타디엔 등 건강에 미치는 영향이 큰 1군 발암물질 10종[1]의 취급량은 19백만 톤 증가한 반면 배출량은 404

1) 10종 : 벤젠, 포름알데히드, 1,3-부타디엔, 염화비닐, 산화에틸렌, 크롬, 카드뮴, 비소, 석면, 3,39-디클로로-4,49디아미노디페닐메탄

톤 정도이다.

[표 11-1] 국내화학물질 유통현황조사

구분	2006	2010	2014	2016
조사사업장	16,405	16,547	22,661	21,911
조사화학물질	25,479	15,840	16,150	16,874
유통량	417.9	432.5	500.7	558.6
제조량	286.3	289.1	323.9	378.2
수입량	189.3	231.0	299.9	321.6
수출량	57.7	87.6	123.1	141.1

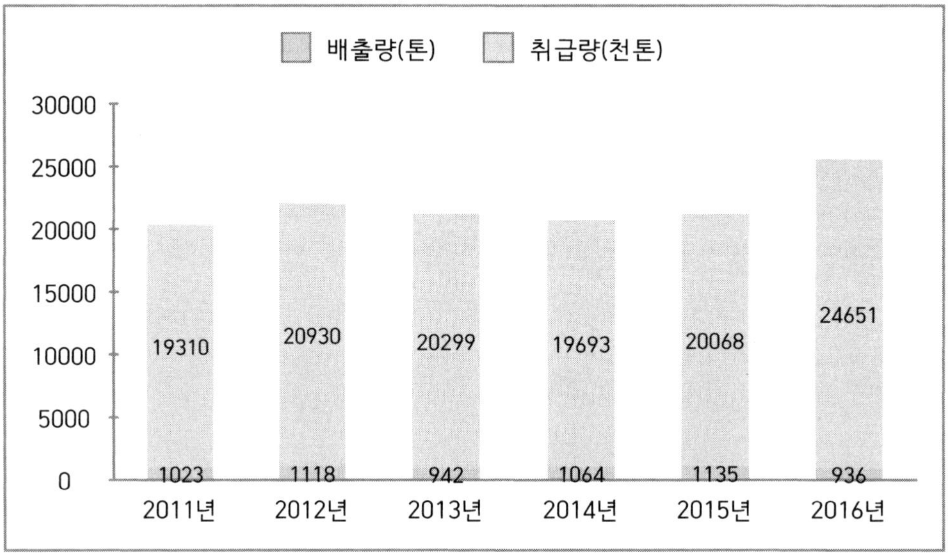

〈그림 11-1〉 1군 발암물질 취급 · 배출량 변화

2) 유독물질과 관찰물질

환경 및 동 · 식물생육과 사람의 생활과 건강에 유해성이 있는 화학물질과 관찰물질은 「유해화학물질관리법」에서 정하는 유독물질 관리기준에 따른다.

[표 11-2] 「유해화학물질관리법」에서 규정한 유독물질 기준

구분	지정기준
설치류에 대한 급성경구독성	시험동물 수의 반을 죽일 수 있는 양(LD_{50})이 킬로그램당 300밀리그램(300mg/kg) 이하인 화학물질
설치류에 대한 급성경피독성	시험동물 수의 반을 죽일 수 있는 양(LD_{50})이 킬로그램당 1,000밀리그램(1,000mg/kg) 이하인 화학물질
설치류에 대한 급성흡입독성	1) 기체나 증기로 노출시킨 경우 시험동물 수의 반을 죽일 수 있는 농도(LC_{50}, 4hr)가 2,500피피엠(2,500ppm) 이하이거나 리터당 10밀리그램(10mg/L) 이하인 화학물질 2) 분진이나 미립자로 노출시킨 경우 시험동물 수의 반을 죽일 수 있는 농도(LC_{50}, 4hr)가 리터당 1.0밀리그램(1.0mg/L) 이하인 화학물질
피부 부식성·자극성	피부에 3분 동안 노출시킨 경우 1시간 이내에 표피에서 진피까지 괴사를 일으키는 화학물질
어류, 물벼룩 또는 조류에 대한 급성독성	1) 어류에 대한 급성독성 시험에서 시험어류 수의 반을 죽일 수 있는 농도(LC_{50}, 96hr)가 리터당 1.0밀리그램(1.0mg/L) 이하인 화학물질 2) 물벼룩에 대한 급성독성 시험에서 시험물벼룩 수의 반에게 유영저해를 일으킬 수 있는 농도(EC_{50}, 48hr)가 리터당 1.0밀리그램(1.0mg/L) 이하인 화학물질 3) 조류(Algae)에 대한 급성독성 시험에서 시험조류의 생장률을 반으로 감소시킬 수 있는 농도(IC_{50}, 72hr 또는 96hr)가 리터당 1.0밀리그램(1.0mg/L) 이하인 화학물질
어류, 물벼룩 또는 조류에 대한 만성독성	어류, 물벼룩 또는 조류에 대한 만성독성 시험에서 무영향농도 또는 이에 상응하는 영향을 주는 농도(ECx)가 리터당 0.01밀리그램(0.01mg/L) 이하인 화학물질
반복노출독성	1) 사람에 대한 사례연구 또는 역학조사로부터 반복 노출에 의해 사람에게 중대한 독성을 일으킨다는 신뢰성과 양질의 증거가 있는 화학물질 2) 시험동물을 이용한 적절한 시험으로부터 일반적으로 낮은 수준의 노출농도에서 사람의 건강과 관련된 중대하거나 또는 강한 독성영향을 일으켰다는 소견에 기초하여 반복 노출에 의해 사람에게 중대한 독성을 일으킬 가능성이 있다고 추정되는 화학물질
변이원성	1) 사람에 대한 역학조사연구에서 양성인 증거가 있는 물질로서 사람의 생식세포에 유전성 돌연변이를 일으키는 것으로 알려진 화학물질 2) 포유동물을 이용한 유전성 생식세포 변이원성시험에서 양성인 화학물질 3) 포유동물을 이용한 체세포 변이원성시험에서 양성이고, 생식세포에 돌연변이를 일으킬 수 있는 증거가 있는 화학물질 4) 사람의 생식세포에 변이원성 영향을 보여주는 시험에서 양성인 화학물질
발암성	1) 사람에게 발암성이 있다고 알려져 있는 물질로서 주로 사람에게 충분한 발암성 증거가 있는 화학물질 2) 사람에게 발암성이 있다고 추정되는 물질로서 주로 시험동물에게 발암성 증거가 충분한 물질이거나 시험동물과 사람 모두에게서 제한된 발암성 증거가 있는 화학물질

구분	지정기준
생식독성	1) 사람에게 성적기능, 생식능력이나 발육에 악영향을 주는 것으로 판단할 만한 증거가 있는 화학물질 2) 사람에게 성적기능, 생식능력이나 발육에 악영향을 주는 것으로 추정할 만한 동물시험 증거가 있는 화학물질
기타	1) 위의 가목부터 사목까지의 규정에 해당하는 유독물질을 1퍼센트 이상 함유한 화합물 또는 혼합물 2) 위의 아목부터 차목까지의 규정에 해당하는 유독물질을 0.1퍼센트 이상 함유한 화합물 및 혼합물

3) 선진국의 화학물질 관리제도

선진국들은 1960년대부터 화학물질을 체계적으로 관리해 오면서 특히 유해한 물질을 규제하였으며 EU의 경우 이미 1967년에 「위험물질의 분류, 표시 및 포장에 관한 법」을 제정하였다. 2007년 EU선진국들 대부분이 먼저 시행하고 있으며 우리나라는 2013년에 도입하였다.

4) 국내 화학물질 관리제도

[표 11-3] 우리나라 유해화학물질 관련 법률 현황

관리대상	소관부처	관련 법령
유해화학물질	환경부	화학물질의 등록 및 평가 등에 관한 법률 화학물질관리법, 잔류성오염물질 관리법
사업장 유해물질	고용노동부	산업안전보건법
농약 · 비료 · 사료	농림축산식품부	농약관리법, 비료관리법 사료관리법
의약품	보건복지부	약사법
마약류		마약류 관리에 관한 법률
화장품		화장품법
식품첨가물		식품위생법

관리대상	소관부처	관련 법령
위험물	국민안전처	위험물안전관리법
총포·도검·화약류		총포·도검·화약류 등의 안전관리에 관한 법률
고압가스	산업통상자원부	고압가스 안전관리법
공산품 중 유해물질		전기용품 및 생활용품 안전관리법
방사성물질	미래창조과학부	원자력안전법
연구실 유해위험물질		연구실 안전환경 조성에 관한 법률

11.2 환경호르몬(Environmental Hormone=EDCs : 내분비계장애추정)물질

1) 환경호르몬 물질

환경호르몬 물질(EDCs : 내분비계 장애추정물질, 내분비계 교란물질 EED : Environmental Endocrine Disruptors), 내분비계 장애물질(EDCs : Endocrine Distrupting Chemicals)은 PCB, Dioxin 등과 함께 20세기 후반부터 인체의 내분비계에 심각한 건강상 위해를 일으키는 물질로 일명 "환경호르몬"의 개념이 대두되었다.

- 생태계 및 인간의 생식기능 저하, 기형아, 성장장애, 암 등을 유발함
  (수컷의 정자수 감소, 수컷의 암컷화, 세대의 성장억제 초래)

※ 세계 3대 환경 문제 : 오존층파괴, 지구온난화, 환경호르몬(1996, 도둑맞은 미래)

(1) 환경호르몬의 특성

환경호르몬의 특성 : (=내분비계 교란물질)은 잔류성이 크며, 생체내에서 합성되는 호르몬과 달리 쉽게 분해되지 않으며, 먹이사슬을 통하여, 생물체의 지방 및 조직에 축적(Bioaccumulation : 생체농축)된다.

① 환경호르몬 함유물질 : 산업용 화학 물질, 살충제, 제초제, 농약류, Dioxin 등 식 물에 존재하는 식물성에스트로겐, 호르몬유사물질 DES(Diethyl Stilbestrol)

② 대표적인 환경호르몬 물질 : 음료수 캔의 코팅물질(Bisphenol A, PCBs, Dioxin 류 알킬페놀(합성세제 원료)) 등

(2) 인간에 대한 영향

- 합성에스트로겐(유산 방지제용) - 임산부의 2세에 영향
- 남 : 생식기능 감소, 정자수 감소, 정소종양, 요도하염(덴마크)
- 여 : 자궁기형, 불임, 면역기능 이상 등(유방암 증가)

(3) 내분비계 교란물질의 발생원

쓰레기 소각과정에서 다이옥신이 생성되며, 월남전에서 사용했던 고엽제 및 제조과정의 불순물 등이 해당되며 기타 발생원은 다음과 같다.

① 비스페놀 A(Bisphenol-A)는 음료수용, 식품용 캔내부 코팅제, 커텐의 방염처리제, 아기우유병과 합성수지 원료성분 등
② PCB : 변압기의 냉매, 전기절연재로 사용하면서 발생
③ TBT : 선박용 페인트제
④ 폴리카보네이트(Poly carbonate) : 플라스틱 식기류의 원료
⑤ 프탈산 화합물 : 플라스틱 제품의 가소제
⑥ 스타일렌 : 컵라면 용기, 폴리스틸렌 수지의 식기 및 각종 제품재료
⑦ 펜틸페놀류 및 노닐페놀류 등 : 공업용 세제의 원료

2) 호르몬물질의 작용 메커니즘

체내에서 호르몬의 작용은 합성, 방출, 장기세포로의 수송, 수용체 결합, 신호전달, 유전적발현 활성화 등의 과정으로 이루어지며, 내분비계 장애물질은 이 과정 중의 어떤단계를 저해하거나 교란시켜 장애를 유발한다.

(1) 정상적인 작용

호르몬은 심장박동을 빠르게 하거나 손바닥에 땀이 나는 순간적인 반응 등의 정상적인 신체기능을 유지하는 다양한 역할을 수행

(2) 모방 · 유사작용

- 호르몬물질이 수용체와 결합하여 마치 정상 호르몬과 유사작용
- 유사물질은 정상호르몬보다 강 · 약한 신호로 내분비계 교란작용을 유발

(3) 봉쇄 작용

정상호르몬의 수용체 접근을 막아 자연호르몬의 기능을 마비

(4) 촉발작용

신종 호르몬처럼 작용하여 아릴하이드로카본(Ah) 수용체와 결합하여 암이나 기형 등 완전히 새로운 세포를 유발하는 것

3) 내분비계 장애물질의 종류

각종 산업용 화학물질, 살충제 및 제초제 등의 농약류, 유기중금속류, 소각장의 다이옥신류, 식물에 존재하는 식물성에스트로겐 phytoestrogen 등의 호르몬 유사물질, DES(diethylstilbestrol)와 같은 의약품으로 사용하는 합성 에스트로겐류 및 기타 식품첨가물 등이 있다.

① 물질의 예로 DES, PCB, Bisphenol A, Nonylphenol 등이 있다. 1990년대 후반에 세계야생생물기금(WWF)[2]에서 67종을 내분비계 장애물질로 분류하였다.

2) 세계자연보호기금(World Wide Fund for Nature, 약칭 WWF)은 자연보호를 위한 비정부 국제기구이다. 원명은 세계야생생물기금(World Wildlife Fund)로, 미국과 캐나다에서는 옛 이름으로 활동하고 있다. 세계 최대의 환경단체로, 90여국의 5백만 명 이상의 회원이 많은 환경보호 프로젝트를 수행하고 있다. 수입의 90%이상이 기부로 얻고 있다.

② 우리나라는 별도의 목록은 없으며 WWF에서 제시한 67종을 기준으로 관리한다.

4) 한국의 환경호르몬 오염 실태

① 해양생물 생산량 저감 : 굴, 피조개, 홍합, 바지락 매해 10%씩 감소 (진해만 1988~1993)

② 커피 캔, 컵라면 용기, 젖병과 치아발육기, 유아용 장난감, 플라스틱식기류, 포장용 랩 등에서 환경호르몬 다량 검출 : 남성 생식기능저하(비스페놀 A)

5) 환경 호르몬 대책 방안

(1) 정부(KFDA, 농업과학기술원, 산업보건연구원)에서 직접 규제

산업체 생산부터 전과정 평가(LCA)

(2) 생활환경 관리

① 오염지역에서 생산된 생선 섭취금지(Dioxin, PCB, DDT 등)

② 유기농, 친환경 농법 야채 섭취 권장

③ 전자렌지 용기사용 주의 : 플라스틱용기, 랩이용 금물

④ 살충제 사용자제

11.3 다이옥신(Dioxin)과 중금속물질(대표적인 환경호르몬물질)

1) Dioxin이란

고리가 세 개인 방향족 화합물에 여러개의 염소가 붙어있는 화학적 화합물을 말하는 것으로, 〈그림 11-2〉와 같이 가운데 고리에 산소원자가 두 개인 다이옥신계 화합

물(polychlorinated dibenzo dioxin : PCDDs)과 퓨란계화합물 (PCDFs)을 총칭한다.

우리가 보통 다이옥신이라 칭하는 것은 다이옥신과 다이옥신 유사물질들을 총칭해서 말한다.

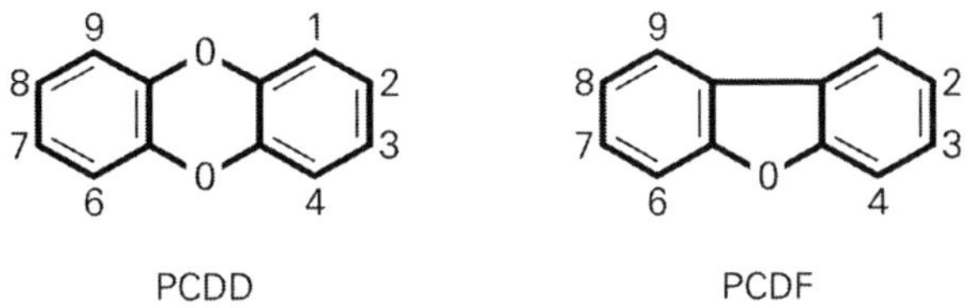

〈그림 11-2〉 다이옥신의 화학적 구조

(1) 다이옥신의 유입경로

① Dioxin은 대기 중의 입자상 물질에 흡착되어 지표면으로 침적 장 · 단거리 이동

② 소각장 주변에서 발생하여 인근지역의 수질, 토양오염을 유발한다.
(쓰레기 소각은 대기 중 다이옥신과 다이옥신 유사물질의 주요한 발생원)

③ 다이옥신은 미립자로 장기간 대기 중에 부유하기 때문에 세계 곳곳에서 다이옥신이 발견되고 있다.

다이옥신 인체 노출 경로

다이옥신은 잘 분해되지 않아 대기나 물을 통해 멀리 이동하고 먹이사슬을 따라 상위 포식자에게 더 많이 축적된다.
사람은 90% 이상의 다이옥신을 어류, 육류, 유제품 등 음식물을 먹을 때 축적된다.
숨을 쉴 때 유입되는 양은 1~3%에 불과하다.

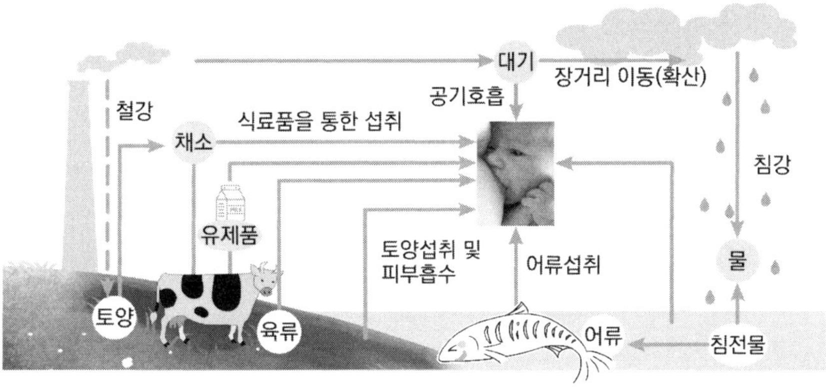

〈그림 11-3〉 다이옥신의 인체 유입경로

(2) 다이옥신의 발생원

- 소각, 제조공정에서 발생되는 산물이다.
- 자연적 발생원 : 산불, 번개, 화재 또는 화산활동 등으로 자연적으로 발생한다.
- 인위적 발생원 : 소각장에서 발생한다.

(3) 다이옥신의 발생오염원 : 1차 오염원과 2차 오염원으로 분류된다.

- 1차 오염원은 대기로 배출된 다이옥신류로서 토양, 잔디, 초목 및 지표수에 침적 → 동물이 섭취
- 2차 오염원은 어류, 낙농품, 육류제품 및 채소 등이 인간의 노출오염원으로 다이옥신류의 저장고로 작용한다.

(4) Dioxin 의 영향

① 청산가리(KCN)대비 1000배 강한 독성물질(1kg 2만여 명 살상가능)

② 선천성 기형아 출산

③ 호르몬 관련암(유방암, 고환암)

④ 불임, 면역기능저하, 말초 및 신경질환 유발 등

(5) Dioxin 관리대책

건강 위해성 평가의 2가지 형태 → 비발암성 평가, 위해성 평가

① 배출 오염원별 기준치 설정

② 폐기물소각로 등 다이옥신 배출공정에 대한 기술개발

③ 배출원의 정기적 측정감시

④ 인체노출 기준치설정 및 감시

2) **수은**

수은은 환경보건 측면에서 발생빈도, 독성, 인체 유해성을 고려할 때 관리 우선순

위가 높은 중금속이다. 미국 독성물질・질병등록청(ATSDR)[3]의 독성물질 우선순위에서 비소, 납에 이어 3위로 발표하였다

(1) 수은의 유해성

산업체 및 다양한 오염원에서 배출된 무기수은이 바다, 하천 등으로 유입되어 수중 박테리아와 플랑크톤에 의해 메틸수은으로 변환된다.

- 어패류를 포함한 수중생물의 생체 내에 농축되어, 어패류를 섭취하는 먹이사슬을 통해 메틸수은이 인체로 유입된다.

(2) 국내 수은의 배출・유통량

「유해화학물질관리법」에서 수은을 유독물로 지정하여 매년 조사한 배출량과 유통량은 2016년 기준으로 수은의 총 수입량은 10.2톤 정도를 계속 유지하는 수준이며 체온계와 혈압계에 포함된 양도 약 360 kg에 이르고 있다.

3) 카드뮴 및 납

(1) 생산량 및 노출농도

① 우리나라는 세계 납 사용국 순위 3위[4]이며, 주로 자동차 배터리 제조에 87%를 사용하고 제・정련과 재활용 등으로 연간 27만 톤의 납을 생산하고 있다.

② 카드뮴은 2007년 3,704톤을 생산한 세계 제1위 생산국이다. 주로 아연생산 부산물로 생산하여 수출하고 국내에서 100톤 정도를 사용한다.

③ 1993년 유연휘발유 사용금지 이후 대기 중 납의 농도는 점차 감소하여 2008년 평균 0.07mg/m^{3}으로 조사되었다. 대기 중 카드뮴 농도는 2012년 평균 0.00027mg/m^{3}로 1990년대 이후 지속적으로 감소하는 추세이다.

3) Agency for Toxic Substances and Disease Registry

4) 납 사용량('03) : 미국 147만톤, 중국 118만톤, 한국 35만톤(UNEP, '08)

(2) 우리나라의 관리대책

정부에서 제시한 유해 중금속과 함유제품의 관리시책은 아래와 같다.

첫째 배출원 파악과 중금속폐기물 관리, 환경위해성 모니터링 및 평가 추진

둘째 유해중금속의 제조 · 수입, 유통, 사용, 폐기, 회수 등의 전과정 평가의 체계적인 관리기반 구축

셋째 주요 배출원과 배출량 자료로 납과 카드늄의 유해중금속 인벤토리 구축을 2015년에 계획하여 현재까지 부분적으로 시행 중에 있다.

11.4 잔류성 유기오염물질(POPs)

1) **잔류성 유기오염물질**(POPs, Persistent Organic Pollutants) **정의**

잔류성 유기오염물질(POPs)이란 자연환경에서 분해되지 않고 먹이사슬을 통해 동식물의 체내에 축적되는 유기화합물질을 말한다.

- 이 물질은 분해되지 않고 동물과 사람에게 흡수된 후 체내 지방조직에 축적되어 먹이사슬의 최상위 포식군 개체 중 동물과 사람에게 가장 고농도로 농축된다.
- 생체농축되어 면역체계 교란 또는 신경계 손상독성을 지니게 되어 환경호르몬으로 작용한다.

  ∴ POPs 물질 또한 환경호르몬물질의 포괄적 개념에 속한다.
- 선진국과 국제기구에서는 내분비계장애물질에 대한 규제를 POPs 관리체계로 일원화하는 추세이다.
- 국내 「잔류성 유기오염물질관리법」에서는 POPs를 다이옥신 등과 같이 '독성 · 잔류성 · 생물농축성 및 장거리 이동성' 등의 특성을 지니고 있어 사람과 생태계를 위태롭게하는 물질로 정의하였다. 이는 「잔류성 유기오염물질에 관한 스톡홀름협약」에 의한 것이다.

2) POPs에 속하는 규제대상 물질

POPs는 대부분 산업체의 생산공정 라인과 폐기물의 저온소각 과정에서 발생하며 주 배출물질로는

① 다이옥신류(Polychlorinated dibenzo dioxin/furan)

② PCBs(Polychlorinated biphenyls), 헥사클로로벤젠(HCB) 등 산업용 화학물질

③ Aldrin, Dieldrin 등 살충제, 제초제 등의 농약류가 있다.

3) POPs 관리 법규 및 기준

POPs물질을 국제적으로 규제하는 스톡홀름협약[5)]이 2001년 5월에 체결됨에 따라 우리나라도 POPs 물질의 종합적 규제·관리를 위해 2008년 1월부터 「잔류성유기오염물질 관리법」을 제정하여 시행하고 있으며, 국내법의 규정은 다음과 같다.

① POPs 물질의 제조·수출입·사용 금지 또는 제한

② 배출규제

③ POPs 함유폐기물의 처리

④ POPs 함유기기의 관리에 관한 규정

특히 POPs 성분 중 독성이 큰 다이옥신에 대한 기준[6)]은 별도로 설정하여 2008년부터 이 법에 의해서 통합 관리하고 있으며, PCBs에 대하여는 PCBs가 주로 사용된 변압기의 내부 소재별 함량기준을 2009년에 정하여 시행하고 있다.

---

5) 2001년 5월 스톡홀름에서 국제환경협약인 "잔류성유기오염물질 관리에 관한 스톡홀름협약" 채택 후 2004년 5월에 발효됨.

6) 다이옥신 규제기준은97년 폐기물관리법에 따라 소가용량 50톤/일 이상인 시설을 대상으로 0.5ng-TEQ/Sm^3 기준을 적용하였고 2003년부터 신설시설에 대하여 0.1ng-TEQ/Sm^3 기준으로 강화하였다.

[표 11-4] 국가별 내분비계 장애물질 목록

분류	내분비계 장애물질
세계야생동물보호기구(WWF) 분류(67종)	• 다이옥신류 등 유기염소물질 6종 • DDT등 농약류 44종 • 알킬페놀(펜타-노닐), 비스페놀A • 디에틸헥실프탈레이트 등 프탈레이트 8종 • 스틸렌 다이머, 트리머, 벤조피렌 • 수은, 납, 카드늄
일본 국립의약품식품위생연구소 분류(160여종)	• 다이옥신 및 퓨란류 7종(2,3,7,8-TCDD 등) • 다이옥신류 외의 건강과 생활물질 6종(벤조피렌 등) • 산업용 화학물질 53여종(비스페놀 A, 알킬페놀류 등) • 농약류 68종(DDT, Alachlor등) • 식물성에스트로젠 31종(Coumestol 등) • 진균성에스트로젠 2종(Zearalenol, Zearalenone)
발생원 또는 용출우려가 되는 생활용품	• 다이옥신 : 쓰레기소각장, 월남전 당시 고엽제의 성분 • 폴리염화비페닐(PCBs) : 전기절연제 • 비스페놀A : 합성수지의 원료, 식품·음료용 캔의 안쪽코팅 • 노닐페놀 : 세제 분해산물 • 프탈레이트류 : 플라스틱 가소제 • 트리부틸주석(TBT) : 선박 페인트 • PDBE : 브롬화난연제 성분 • DDT : 살충제 • 아트라진, 엔도설판, 아미톨 등 : 농약으로 사용 • 브로모프로페인 : 실리콘 • 웨이퍼 세척작업 • 수은 : 폐건전지

11.5 유전자 조작물질(GMO)

1) **유전자 변형 농산물**(Genetically Modified Organism, GMO)

(1) GMO 의 정의

유전물질인 DNA 재조합을 통한 유전자 조작기술로 변형된 생물체를 재탄생시키는 것을 말한다.

유전자조작생물체(GMO), LMO(Living modified organism) : LMO와 GMO는 통상 같은 의미로 사용되며, GMO는 「농산물품질관리법」에 의하면 '인위적으로 유전자를 분리 또는 재조합하여 의도한 특성을 갖도록 한 농산물'을 의미한다. LMO(Living Modified Organisms)는 「유전자조작생물체의 국가간 이동 등에 관한 법」에서 '생명공학기술로 얻어진 새로운 유전물질의 조합을 포함하고 있는 모든 살아 있는 생물체'로 규정한다.

(2) GMO 농산물

① GMO는 생산량 증대, 유통가공상 편의를 위해 유전공학 기술을 이용하여 기존의 번식방법을 변형시켜 생산된 농산물(제초제, 병충해에 대한 저항력, 영양특성, 크기 등의 유전자를 변형한 농산물)이다.

② GMO 개발역사

- 최초 : 1994년 (미) 칼제사의 무르지 않는 토마토
- 1995년 : (미) 몬산토사 제초제 내성강한 콩,
- 스위스 : 노바티스사 병충해 내성강한 옥수수
- 기타 : 미국의 코카콜라, 맥도날드, 네슬레, 다농 등의 세계적인 회사에서 GMO를 식품으로 약 80여 종을 제조, 판매 중

2) GMO의 잠재력과 위험성

(1) GMO의 잠재력

① 기업측면 : 종자 고가판매 및 농약과 세트판매 가능성

② 농가측면 : 비싼 종자이나, 수확량과 경제성이 높다.

③ 사회적측면 : 저노동력 및 비용으로 고수확량과, 고보존성, 고영양화 향상

④ 환경적측면 : 제초제, 살충제 등의 사용량 감소로 환경오염 예방가능

(2) GMO의 위험성

① 인체 및 가축에 대한 식품안전성 검증 미비

② GMO 농작물 장기재배 시 생태계 교란 우려(이종교배에 의한 유전자 변형, 토양생태계 파괴 우려)

③ 생물다양성 파괴(GMO 농산물만 재배해 생물다양성 파괴)

④ 유전자 조작기술의 독점 및 다국적 기업의 식량시장 장악성
("종자와 곡물을 지배하는 자가 세계를 지배 한다")

(3) 각국의 정책 및 규제동향

① 미국 : GMO 개발 및 판매에 가장 적극적이며 별도의 규제 불가론을 주장
(콩, 옥수수의 GMO 품종 일반농산물과 구별 없이 유통)

② EU : GMO 농산물의 위해성 여부 판단유보(단, 1998~9소비자의 알권리 제공차원의 라벨링 규정 채택), 회원국별 상이함.
ex) GMO 수입금지국 : 오스트리아, 룩셈부루크
자체라벨링국 : 아일랜드, 네덜란드

③ 일본 : GMO 농산물에 대한 안전성 확인 후 수입 허가(감자, 옥수수, 콩 등 7개 품목)

④ 한국 : 수입농산물에 GMO 사용여부를 표시하며 GMO 라벨링의 법적 근거 마련

⑤ 국제기구(UNEP) : 농산물 수출국과 수입국의 이견 차이로 합의 실패

[표 11-5] 국가별 GMO 재배현황 (단위 : 백만ha)

구분	2011	2013	2015	2017
미국	69.0	70.1	70.9	75
브라질	30.3	40.3	44.2	50.2
아르헨티나	23.7	24.4	24.5	23.6
캐나다	10.4	10.8	11	13.1
인도	10.6	11.0	11.6	11.4
중국	3.9	4.2	3.7	2.8
기타국가	12.1	13.2	13.8	13.7
합계	160	174	179.7	189.8

콩, 옥수수, 면화, 캐놀라가 재배면적의 대부분을 차지하고 있으며, 품목별로는 표와 같이 최고 GMO 경작면적의 변화로 80%를 차지하고 있다.

[표 11-6] 농작물별 GMO작물 재배면적(2017년 말) (단위 : 백만ha)

구분	GMO 재배면적(A)	세계 재배면적(B)	비율(A/B)
콩	94.1	121.5	77%
옥수수	59.7	188	32%
면화	24.1	30.2	80%
캐놀라	10.2	33.7	30%
합계	189.8	373.4	50.8

3) 국내 GMO농작물 현황

우리나라는 콩과 옥수수를 거의 100% 미국에서 수입하고 있고 GMO 콩과 옥수수를 그대로 노출되어 있어 잠재적 위험성이 우려되나 현재까지 큰 문제는 없는 상황이다.

chapter 12 광역적 환경오염문제

12.1 산성비(Acid Rain)

1) 산성비의 정의

산성비는 가스상 대기오염물질들이 구름에 유입되어 대기 중에서 물방울을 형성하는 화학반응 과정으로 황산, 질산, 염산 등의 강산성 물질로 변하여 pH가 5.6 이하로 떨어지는 현상을 말한다. 대기 중에는 CO_2가 390 ppm정도 존재하며 공기 중의 이산화탄소와 수분이 반응하여 약산성의 탄산이 형성된다.

$$CO_2 + H_2O \rightarrow H_2CO_3$$

$$H_2CO_3 \leftrightarrow HCO_3^- + H^+$$

$$HCO_3^- \leftrightarrow CO_3^{2-} + H^+$$

2) 산성비의 원인

산성비의 원인이 되는 물질은 크게 자연적 발생원과 인위적 발생원이 있다.

- 자연적인 발생원 : 탄산, 염소이온 등이 빗물을 산성화시키는 작용을 한다.
- 인위적인 발생원 : 인간의 생활·산업 활동, 즉 각종 공장, 발전소, 자동차, 보일러, 소각로 등에서 발생하는 SO_2, NOx, HC 등이 대기 중에서 수증기와 반응하여 → 황산, 질산으로 변하여 비나 눈에 용해되어 산성비로 내린다.

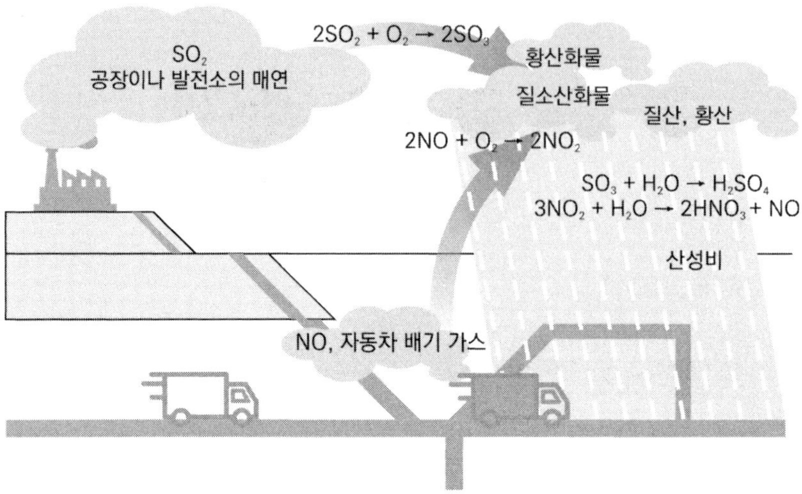

〈그림 12-1〉 산성비 생성 과정

3) 산성비의 피해

① 인간에게 미치는 영향 : 경작지의 산성화, 식물생산성 감소, 어패류의 폐사와 기형현상 등으로 인간생활에 악영향을 미친다. 세계 농업생산에도 큰 영향을 미친다.

② 식물생태계에 미치는 영향

- 식물잎의 엽록소를 파괴하여 잎을 누렇게 고사시킨다.
- 산성물질이 토양에 축적되면 토양의 pH가 낮아지고 독성이 축적되어 농작물의 생장과 토양미생물에 영향을 미쳐, 농작물 생산량과 질을 저하시킨다.
- 산성물질이 대기오염물질인 오존과 결합하여 질병, 해충, 가뭄, 곰팡이 등의 외부 요인에 취약하게 되어 수목이 고사하는 직접적 원인이 된다.

③ 담수생태계에 미치는 영향 : pH 5.5의 빗물에서 박테리아가 사멸하기 시작하고 pH 4.5 이하에서는 대부분의 물고기나 양서류는 토양에서 유출된 알루미늄 이온이 어류에 흡착하여 호흡과 생식력을 잃는다고 보고[1)]하였다.

1) WHO의 보고서

[표 12-1] 전국 주요도시의 연도별 pH 분포

구분	2012	2013	2014	2015	2016
서울	4.7	4.4	4.8	4.8	5.1
부산	5.0	4.9	5.0	5.5	5.3
대구	5.0	5.0	5.1	5.2	5.3
인천	4.5	4.4	4.7	4.9	4.9
광주	5.2	5.2	5.4	5.1	5.6
대전	4.7	4.8	5.1	5.0	5.2

4) 산성비 저감대책

우리나라의 산성비의 저감을 위해서 정확한 예측이 필요하다. 즉, 산성비를 유발하는 주 영향인자를 파악하여 대처해야 한다.

첫째, 동북아의 대기오염물질 배출량 변화와 산성비의 원인물질인 SO_2와 NOx의 배출량 파악이 중요하다. 특히 중국의 경우 매년 5% 이상 증가하며 이산화황 배출량은 이미 동북아 지역의 80% 이상을 차지하고 있다.

둘째, 국내 화력발전소와 자동차에서 배출되는 미세먼지와 질소산화물 등의 대기오염물질에 의한 영향이 매우 크다.

셋째, 오존층 파괴와 지구온난화 현상에 의한 대류권 오존의 농도와 대기 중 산화제의 농도가 증가되어 산성비 지역이 확대될 것이다.

넷째, 기후변화는 기후패턴, 강수량, 구름의 양, 일사량 등도 산성비에 영향을 미치며, 특히 중국의 영향을 고려해야만 산성비의 저감대책이 가능하다.

12.2 황사 현상과 환경성 질환

1) 황사(Yellow Sand)

황사는 저기압의 발생과 바람에 의하여 중국대륙 내륙부의 타클라미칸 사막과 황토지대인 몽골의 고비사막 등 건조 및 반건조 지역에서 토양과 광물입자가 수천 미터 상공에서 편서풍으로 운반되면서 침강하는 현상이다. 특히 동북아시아에서 나타나는 현상으로 많은나라에서 우선적으로 다루고 있는 기상현상이다.

- 황사의 발생원인 중국 · 몽골에서의 황사는 강풍에 의하여 발생하는 모래폭풍으로 그 피해가 심각하며, 한국이나 일본에서는 이동해오는 먼지에 의한 대기오염현상으로 인식되어 왔다.
- 황사는 일본을 넘어 북태평양에도 대량으로 강하하고 있는 것으로 추산되고 있다. 위성관측에 따르면 황사는 북태평양을 넘어 아메리카대륙까지 도달하고 있다.
- 황사의 근원지는 북경이며 건조한 한랭전선 기후와 토사가 많은 지역으로 강한 바람이 불면 흙 · 모래가 대기공간을 순식간에 덮어버리기 때문에 농작물재배 및 수확량이 낮은 경작지는 대부분 과수원 및 산림지대로 전환시키는 농업구조로 개선하고 있다.

2) 황사의 피해

(1) 황사성분의 화학적인 성상

흙먼지와 비슷한 Ca, Mg, K, Na의 알칼리성 금속성분으로 흙먼지보다 2배 정도 높게 함유되어 있으며, 그 외 Si, Fe, Mn, Cd, Pb가 함유되어 있다.

(2) 황사 발생시기

주로 봄철(3~4월)에 중국에서 매년 20억 톤 정도가 날아오는 불청객으로 다양한 분야에 악영향을 미치고 있다.

3) 환경성 질환

① 황사가 인체에 미치는 영향은 눈병, 호흡기질환, 피부알러지, 만성기관지염 및 시정장애 등을 유발하여 환경보건학적 의료비용을 증가시키는 원인이 된다.
② 또한 미세한 황사입자가 고층기류를 타고 장거리까지 확산 및 이동하여 여러 나라에 황사로 인한 동물 및 인간의 호흡기질환에 영향을 미치고 있다.
③ 황사 발생시기에는 국내 산업체의 기계 손상과 생산제품 및 반도체 상품의 불량률이 높아져 상품의 가치하락으로 기업체의 경제적 손실을 유발한다.
④ 이러한 황사는 대기의 혼탁도 증대, 태양에너지 유입의 감소, 미세먼지의 침투로 인한 대기환경오염 등을 유발하여 동・식물의 생육 및 사람의 활동을 방해한다.

[표 12-2] 황사 발생 시의 대기오염물질의 크기 및 특성 (단위 : μg/m³)

성분	미세먼지(PM_{10})	
	평상시	황사시
납	0.0239	7.0
카드늄	0.0009	4.8
크롬	0.0031	1.8
구리	0.025	1.8
철	0.7507	8.0
니켈	0.0029	7.0
칼슘	N.D.	-
마그네슘	-	-

3) 황사방지 대책

황사방지대책은 발생원에 따른 대책으로 중국내륙, 몽골지역과 영향지역에 따른 대책인 중국연안부, 우리나라, 일본 등으로 나눌 수 있다. 또한 단기적인 대책으로 예ㆍ경보제도가 있으며 장기적인 대책으로는 발원지역의 생태계 보전 등이 있다.

(1) 발생원에서의 대책

현재 중국, 몽골에서 토양의 사질토에 의한 사막화가 진행되고 있으며, 주요 발생원은 내몽골 자치구동부와 서부의 신강 위구르자치구의 타클라마칸 사막, 중국외의 주요 근원인 몽골은 남동부의 고비사막과 카자흐스탄 동부의 사막지대이다.

예) 북경의 물난리로 수몰된 지역 16.5만 ha중 3,300ha는 나무와 관상목이 심어졌고, 복원지대는 1,000km에 나무벨트 넓이 20m에서 30m로 그린벨트를 조성하는 녹화사업을 실행한 바 있다.

〈현재 중국에서는 취하고 있는 사막화 방지조치는 다음과 같다〉

① 토지 피복현황 개선 및 복구

- 자연보호지역을 정하여 자연재생을 위한 식재작업
- 사구 주변을 방호림으로 고정하여 모래이동을 관리하고
  현재 토양식생작업을 시행하고 있어 20년 정도 지나면 자연회복이 가능하나 대책을 시행하지 않고있는 지역에서는 사막화현상을 방지하지 못하여 문제가 되고 있다.

② 인위적인 영향완화(과방목, 과경작 방지대책)

- 1990년경부터 중국의 내몽골 자치구는 유목민의 정착화를 추진하고 있으나 가축수의 증가와 과방목에 의한 토지열화가 문제가 되고 있다.
- 유목민의 정착화정책은 농업 및 농경개혁으로 첨단기술 농업을 채택하게 하거나 먼지발생시기(겨울, 봄)에는 경작 금지 등의 조치를 취해야 효과가 있다.

(2) 황사영향 지역에서의 대책

한・중・일 황사의 영향을 받고 있는 국가에서는 황사에 대한 예・경보 제도[2)]를 도입하여 실시하고 있다. 우리나라의 경우 황사로 인한 미세먼지 농도가 1시간 평균 400ug/m^3 이상 2시간 지속될 때 황사주의보, 800ug/m^3 이상 2시간 지속될 때 황사경보를 발령한다. 일반적인 황사는 400ug/m^3 미만인 경우 옅은황사, 400～800 ug/m^3 미만은 짙은황사, 800ug/m^3 이상은 매우 짙은황사로 구분한다.

12.3 사막화 현상

1) 사막화의 원인

사막화란 식물이 생장하지 않는 불모지의 토지로 변화하는 것을 말한다.

즉, 사막은 '식물의 생육과 농업에 적합하지 않은 땅'이라는 의미이다.

유엔사막화대책협의회(United Nations Conference on Desertification ; UNCOD)의 1977년 보고서에 의하면 세계적으로 매년 6만 ㎢의 토지가 사막화되고 있으며, 지속적으로 같은 비율로 토지의 사막화가 증가하고 있다. 사막화의 원인은

① 기후적 요인 : 대기순환에 의한 건조지역의 이동

② 인위적 요인 : 목초지의 재생능력을 초과하는 가축의 방목, 경작기간의 단축 등에 의한 지력저하, 땔나무의 과잉채취 등이다.

또한 유엔환경계획(UNEP)이 1991년 발표한 보고서 "사막화의 현상과 사막화 방지행동 계획의 실시상황에 대하여"는 세계에는 건조지역이 61억 ha이상 존재하고, 지구육지면적의 약 40%를 차지하고 있으며, 이 건조지역에서 세계인구의 약 1/5이 생활하고 있고, 이 중 약 9억 ha가 매우 건조한 사막지역이며, 사막화의 영향을 받고 있는 지역은 약 36억ha에 달하고 피해면적이 가장 넓은대륙은 아시아라고 하였다.

2) SDS-WAS(Sand and Dust Storm-Warning Advisory and Assessment System) 황사 경보 및 평가시스템

2) 사막화의 피해

사막화란 자연적인 기후변동이나 인간의 간섭에 의하여 기존의 사막이 확대되는 현상을 말한다. 아프리카 사하라사막의 경우 1986년 이후에 계속적으로 가뭄이 지속되고 있다. 그 결과 사막화는 아프리카 남부로 점차 확대되고 있다.

- 현재 사막화가 가장 빠르게 진행되는 지역으로는 사하라 사막 남부의 사헬지대를 꼽을 수 있으며 아프리카 사헬지방은 1960년대부터 사막화가 진행되고 가뭄이 겹쳐 생물이 살수 없는 불모의 지대로 변하게 되었다.
- 1972년과 1973년 사이에는 수십만 명의 사람과 가축이 죽어갔다. 특히 1982년에서 1985년 사이에는 넓은지역으로 사막화가 확대되어 수백만 명이 사망하게 되었다.
- 수천 년 동안 자연재해가 없었던 이 지역에 두 번의 엄청난 재난이 닥친 것은 인간이 초래한 환경재난이라는 것이 밝혀졌다. 세계는 사헬의 재난을 계기로 세계 여러곳에서 사막화의 위험이 진행중인 사실을 인식하게 되었다.
- 21세기에 들어 급속히 증가한 약 76억 명의 인구를 지탱하고 과도한 자원개발 및 경작과 산림훼손으로 토양은 황폐해지면서 지구의 기후를 변화시켰다. 현재 지구면적의 19%인 3천만 km^2가 사막화되고 있으며, 1억 5천만 명의 인구가 사막화 영향으로 생존의 위협을 받고 있다.

〈그림 12-2〉 지구촌의 사막화 현상

Terminal Course 수시평가 (　　점)기말고사 전

학과	학번	성명	교양과목
			인간과 환경

영상수업 II . 독일 프라이브룩시티 (환경의 도시)

Quize (5Q)

1. 독일 프라이브룩 도시의 자동차 운행 감소를 유도한 정책은?

2. 프라이브룩 도시 중심에 시설된 수로 이름은?

3. 독일의 생태환경의 유지가 가능한 이유는?

4. 프라이브룩 북쪽 쓰레기매립장의 에너지 자원은?

5. 독일의 지역 농산물을 판매하는 곳의 이름은?

6. 주민이 태양에너지를 전기로 생산해 판매한 이익배당금을 지급받는 방식은?

인간과 환경_강의 노트

기말고사 대비용 예상문제

01 토양오염의 원인을 모두 찾으시오(　　).

① 농약 개발　② 화학비료　③ 산업장 매연, 폐수　④ 하수종말 처리장

02 토양오염물질이 아닌 것은? (　　)

① 도시하수　② 공장폐수　③ 방사능 물질　④ 자연수

03 환경오염물질이 인체에 영향을 미치고 있다. 인체침투경로 3곳은?(3점)

04 인체 내 오염물질이 유입되어 대사경로를 통하여 축적되는 과정은? (　　)

① Bioaccumulation　② 위저장　③ 피부암　④ 배설기관

05 오염물질이 인체에 유입되어 발생하는 생물학적 반응의 종류가 아닌 것은? (　　)

① 발암성　② 알레르기 반응　③ 섬유화 반응　④ 적응반응

06 해양오염의 직접적인 원인은? (　　)

07 해양오염의 간접적인 원인이 아닌 것은?

① 방파재 건설 ② 항만 시설 ③ 공유수면 매립 ④ 황토살포

08 해양오염의 주원인 물질을 모두 선택하시오( ).

① 석유류 ② 폐합성 물질 ③ 중금속 오염물질 ④ 천연세제

09 쓰레기를 소각처리할 경우 폐비닐, 폐플라스틱 등을 분리하지 않고 소각하면 발생하는 발암성 유해물질은 무엇인가? ( )

① 이산화탄소 ② 메탄 ③ Dioxin ④ SOx

10 다음의 중금속 물질 중 인체에 유입되면 발병하는 골다공증, 골연화증 등 뼈에 악영향을 미치는 물질은? ( )

① 납 ② 수은 ③ 구리 ④ 카드뮴

11 다음은 환경 및 생활상에서 발생하는 악취 및 미세 오염물질을 제거하기 위하여 사용하는 물질은? ( )

① 숯 ② 물 ③ 고무패드 ④ 모래

12 생태계 및 인간의 생식기능 저하, 기형아, 성장장애, 암 등을 유발하는물질을 무엇이라 하는가? ( )

13 대표적인 환경호르몬 물질은?

① CO_2 ② O_3 ③ 비스페놀 A ④ 항히스타민제

14 GMO의 정의를 설명하시오.(3점)

15 GMO 의 잠재적인 장점이 아닌 것은? (   )

① 수확량 높다   ② 경제성 높음   ③ 농약사용량 감소   ④ 종자 저가판매

16 GMO의 위험성이 아닌 것은? (   )

① 식품안정성 검증 미비   ② 생태계 및 토양생태계 교란
③ 생물다양성 파괴   ④ 식량난 해결

17 브라질이 시행한 환경정책 중 우리나라가 도입한 정책과 도시이름을 쓰시오(3점).

18 브라질에서 시행한 환경정책 중 쓰레기를 효율적으로 처리한 시책명은?

19 지구를 구하려는 노력 중 브라질에서 농산물로 석유 대체물질을 개발한 물질명과 농산물명은?

20 독일의 세계적인 환경도시로 이름난 곳과, 한국도 함께 자연을 이용하여 개발한 전기에너지를 생산하는 시스템은 몇 가지인가?

저자소개

• 이현주 동아대학교 공학박사

• 이한섭 독일 하노버대학교 공학박사

• 최성부 동국대학교 공학박사

• 김영규 서울대학교 보건대학교 이학박사

인간과 환경 강의 노트

1판 1쇄 발행 2019년 3월 4일
1판 2쇄 발행 2021년 8월 20일

저자 이현주 · 이한섭 · 최성부 · 김영규
발행인 서철종
발행처 도서출판 지우북스
주소 경기도 파주시 문발로 115 세종출판벤처타운 209호
전화 031-915-6670(代)
팩스 031-915-6671
이메일 jwbooks@nate.com
홈페이지 www.jwbooks.co.kr
출판등록 제406-251002017-000032호
ISBN 979-11-88673-31-5 93530
정가 13,000원